U0452622

抖抖心理学

钟宇 著

中国友谊出版公司

图书在版编目（CIP）数据

抖抖心理学 / 钟宇著． —— 北京：中国友谊出版公司，2023.4
ISBN 978-7-5057-5601-4

Ⅰ．①抖… Ⅱ．①钟… Ⅲ．①心理学－通俗读物 Ⅳ．①B84-49

中国国家版本馆CIP数据核字(2023)第009660号

书名	抖抖心理学
作者	钟宇
出版	中国友谊出版公司
发行	中国友谊出版公司
经销	新华书店
印刷	北京通州皇家印刷厂
规格	889×1194毫米　32开 9印张　184千字
版次	2023年4月第1版
印次	2023年4月第1次印刷
书号	ISBN 978-7-5057-5601-4
定价	49.80元
地址	北京市朝阳区西坝河南里17号楼
邮编	100028
电话	(010) 64678009

如发现图书质量问题，可联系调换。质量投诉电话：（010）59799930-601

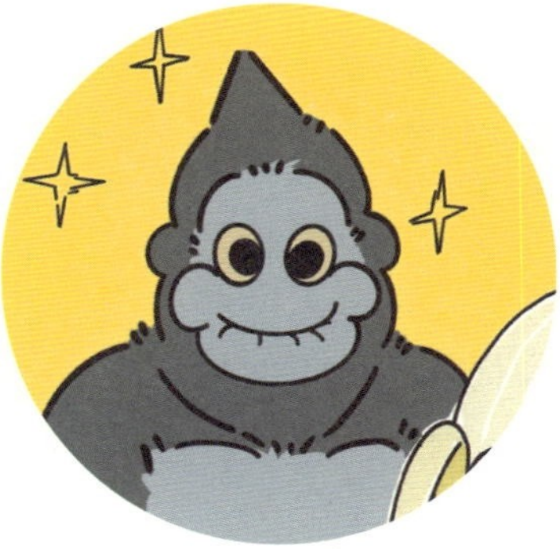

前言 PREFACE

通常一种特长，最初都是始于喜欢。我接触心理学，却不是因为喜欢，而是为了写作。

我是一名类型小说作者，最初写的都是偏男性向的文字。后来人家说，你得迎合一下女性读者。那么，女性读者需要的是什么呢？哦，是小说里的情感线。

偏偏我是"钢铁"属性，直挺挺地过了几十年。突然间，要变得细腻，就得学习。

于是，我开始学心理学。看了不少书，结识了不少很好的老师。最终，我有了新的身份——国家二级心理咨询师。走进任何一门学科，其实都像是打开了一扇新的门，那门后面，是一片浩瀚的海洋。钟宇有幸，在这海洋面前，窥探到了心仪深蓝，捡到了几个贝壳。

心理学对我的人生有两个大的改变：其一，我的小说确实收获了不少女性读者，"心理大师"系列让我上了一个小小的台阶；其二，心理学的掌握令我在很多关系的处理上，较以前好了很多。这是无法用举例来进行佐证的。我能够看清楚很多关系的真实意义所在，并能够想明白自己在这些关系中，应该如何选择立场以及如何作为。而这些，个人认为，是终身受益的。

我将这些心理学知识，尽可能简单化地分享给大家。

每天花一分钟翻翻、看看，或许，你也会有很大的收获。

目录 CONTENTS

第1章
散装心理学

首先,我们得收获快乐

1.1 关注这个物质:血清素,马上收获简单的快乐	004
1.2 让人快乐的物质:多巴胺,就是怦然心动的感觉	006
1.3 想收获幸福与快乐?让内啡肽像冒泡泡一般分泌吧	008
1.4 四种心理学效应,令你成功吸引异性的注意	010
1.5 分手后为啥伤心欲绝?你只是还没准备好	012
1.6 掌握蔡格尼克记忆效应,让你成为社交达人	014
1.7 每次恋爱都失败,可能因为你得了爱情强迫症	016
1.8 邓巴数字:150定律,我们的社交是有极限的	018
1.9 当你沮丧悲伤时,用一分钟内化积极心态	020

我们的很多小动作，其实都有大来头

2.1	每个抖腿的人，心里都有一台缝纫机	024
2.2	一孕傻三年是个什么情况	026
2.3	沉迷吃喝不能自拔，可能是神经性贪食症	028
2.4	长相显老，真是因为你压力大	030
2.5	沉迷游戏——脱离自我的行为	032
2.6	盲盒，为什么能让人无法自拔	034
2.7	内模拟，别模仿了，释放你心中的渴望吧	036
2.8	为什么女人和女人逛街，喜欢手挽手	038

大众对心理学理解上的一些误区

3.1	戒网瘾用的电击，其实真是科学疗法	042
3.2	世界上还真有吃啥都不胖的人	044
3.3	破窗效应：你好看，不能是你受伤害的理由	046
3.4	贩卖焦虑不是心理学，他们用了三大套路	048
3.5	容貌对人的影响——深度解析食堂阿姨手抖的真实原因	050
3.6	EMO：情绪硬核，怎么突然成了热梗	052
3.7	心理学专业都能做些什么	054

第 2 章
催眠与心理暗示

催眠是什么

1.1 催眠,其实就是心理暗示 060

1.2 舞台上的催眠都是真的吗 062

1.3 如何施展自我催眠 064

1.4 清醒催眠,是如何控制你的 066

1.5 催眠治疗:重塑潜意识 068

在我们枯燥的生活中,用用催眠术

2.1 让你的心理暗示真正具备杀伤力 072

2.2 学会心理暗示，你想要喝奶茶，就能喝到奶茶　　　　　　　　074

2.3 催眠技巧：深呼吸，引导人听话的超级手段　　　　　　　　076

2.4 洗脚城里居然隐藏着深不可测的催眠术　　　　　　　　　　078

我们身边的催眠术大坑

3.1 电话催眠术真的存在吗　　　　　　　　　　　　　　　　　082

3.2 自我催眠，假孕，心理暗示的可怕之处　　　　　　　　　　084

3.3 打哈欠会传染居然是心理暗示　　　　　　　　　　　　　　086

3.4 自证预言，强大的自我暗示　　　　　　　　　　　　　　　088

3.5 你们最后都被身心灵给带走了　　　　　　　　　　　　　　090

第 3 章
从九型人格到性格形态学

九型人格是什么

1.1 掌握九型人格有什么用	096
1.2 九型人格测试到底准不准	098
1.3 性格类测试为什么那么准	100

完美型人格

2.1 这是个坑，别吹牛说你就是 　　　　　　　　104

2.2 揪出人类史上最典型的一位完美型人格 　　106

2.3 择偶建议：完美型人格适不适合做伴侣 　　108

助人型人格

3.1 还有一个名字——讨好型人格 　　　　　　112

3.2 如何改变你的讨好性格 　　　　　　　　　114

3.3 助人型人格适合做什么工作 　　　　　　　116

成就型人格

4.1 只是一种性格，不是一种结果 　　　　　　120

4.2 成就型人格代表：曹操 　　　　　　　　　122

4.3 成就型人格适合做什么工作 　　　　　　　124

自我型人格

5.1 戏精本精，浪漫人格的优缺点 　　　　　　128

5.2 自我型人格代表：美美的林黛玉 　　　　　130

5.3 测一测，你是不是浪漫型人格 　　　　　　132

理智型人格

6.1 社交中的"战五渣" 　　　　　　　　　　　136

6.2 理智型人格是个啥模样 　　　　　　　　　138

忠诚型人格

7.1 忠诚型人格,其实并不忠诚　　　　　　　　　　142

7.2 忠诚型人格代表:吕布　　　　　　　　　　　　144

7.3 正六和反六,极致的两面　　　　　　　　　　　146

活跃型人格

8.1 享乐主义者的自我修养　　　　　　　　　　　150

8.2 活跃型人格,脑子里装的啥　　　　　　　　　152

8.3 找个活跃型姑娘做媳妇是什么体验　　　　　154

8.4 有时候觉得,七号人格遇到的问题,是我们所有人的问题　　156

领袖型人格

9.1 领袖型人格的问题是对权力的疯狂　　　　　　　　　　160

9.2 霸总人设：真正有担当的人　　　　　　　　　　　　　162

9.3 如何与控制欲强的人谈恋爱　　　　　　　　　　　　　164

和平型人格

10.1 和平型人格到底爱不爱和平　　　　　　　　　　　　　168

10.2 一眼就能分辨出来的和平型人格　　　　　　　　　　　170

10.3 一位终生"躺平"的大人物——甘地　　　　　　　　　172

第 4 章
谁还没有一点小毛病呢

告别抑郁，重拾活力

1.1 不要盲目跟风说自己抑郁	178
1.2 神经衰弱并不是抑郁	180
1.3 抑郁对应的不是快乐，而是活力	182
1.4 抑郁症与双向情感障碍的区别	184
1.5 抑郁症，必须打败它	186
1.6 重视抑郁，了解这四点	188
1.7 认清抑郁程度，然后打败它	190

看看我们都容易犯的小毛病

2.1	精神分裂和人格分裂,你分裂了吗	194
2.2	宝宝叛逆期,你不记得的叛逆岁月	196
2.3	青春期,不叛逆,更待何时	198
2.4	我喜欢浪——社交达人来了	200
2.5	每个情商低的人,都是一座宝藏	202
2.6	杠精,一扯就给你扯到宇宙	204
2.7	强迫症是心理疾病吗	206
2.8	强迫思维与强迫行为有什么区别	208
2.9	容貌焦虑是不是一种焦虑症	210

谁还没有一点心理问题呢

3.1	其实大家没空留意你——社交恐惧症的自我救治法	214
3.2	一位社恐症患者的噩梦	216
3.3	攻击型人格障碍:主动型还好,被动型非常可怕	218
3.4	吵架场上的渣渣,泪失禁体质是什么情况	220
3.5	从偷菜团说起:利己主义者到底是什么心理	222

第 5 章
心理学大师的故事
和我的故事

心理学大师的小故事

1.1 弗洛伊德是个很好玩的老头子	228
1.2 弗洛伊德与爱因斯坦	230
1.3 替代,把弗洛伊德气到晕倒的演讲	232
1.4 爱他就要黑他,弗洛伊德的头号黑粉伍迪·艾伦	234
1.5 你的潜意识里都有些什么	236
1.6 傻傻分不清楚的本我、自我和超我	238
1.7 心理学的五个重要流派	240
1.8 马斯洛说:什么是动机	242
1.9 人本主义马斯洛:你活到了五层需求的哪个层面	244

1.10 行为心理学大师巴甫洛夫其实是个医生　　　　　　　　　　246

1.11 犯罪心理学大师龙勃罗梭：天生犯罪人长啥样　　　　　　　248

懂一点心理学的我的小故事

2.1 我一个写小说的，如何走进心理师的世界　　　　　　　　　252

2.2 你能知道我在想什么吗？心理学人士被问得最多的问题　　　254

2.3 15年前，我和我媳妇的故事　　　　　　　　　　　　　　256

2.4 如果可以，他们希望精神病人这样　　　　　　　　　　　　258

2.5 双生子：犯罪心理学里最让我震惊的一项研究　　　　　　　260

第 1 章
散装心理学

首先，我们得收获快乐

关注这个物质：血清素，马上收获简单的快乐
让人快乐的物质：多巴胺，就是怦然心动的感觉
想收获幸福与快乐？让内啡肽像冒泡泡一般分泌吧
四种心理学效应，令你成功吸引异性的注意
分手后为啥伤心欲绝？你只是还没准备好
掌握蔡格尼克记忆效应，让你成为社交达人
每次恋爱都失败，可能因为你得了爱情强迫症
邓巴数字：150定律，我们的社交是有极限的
当你沮丧悲伤时，用一分钟内化积极心态

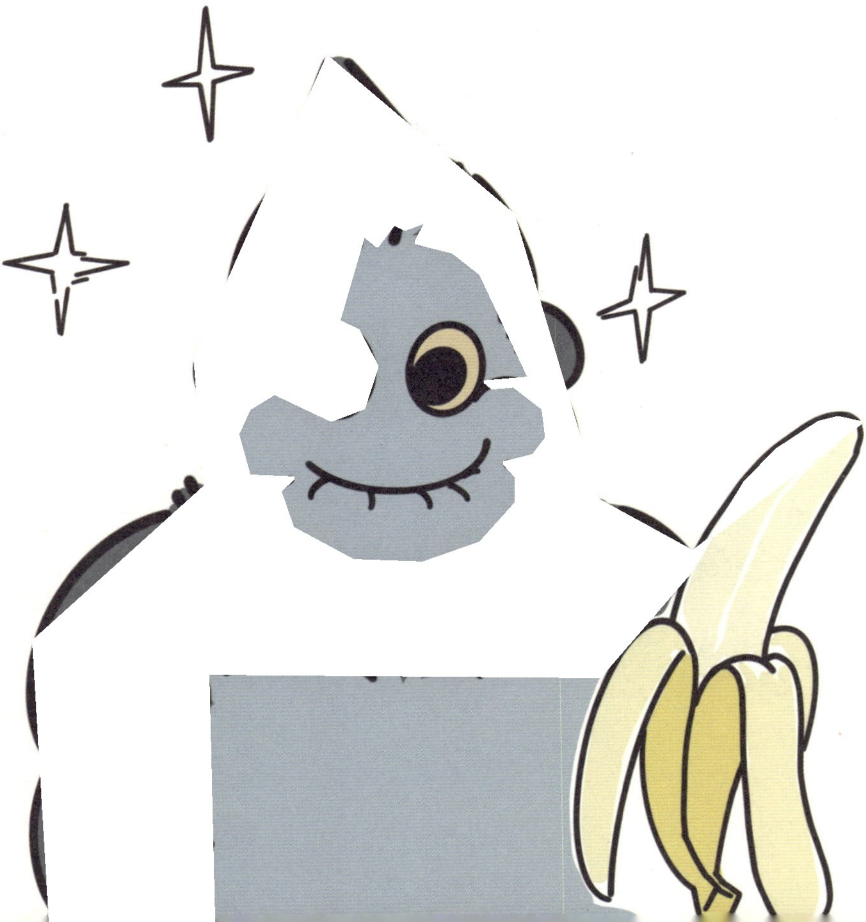

1.1 关注这个物质：
血清素，
马上收获简单的快乐

你妈妈做了一锅肥而不腻的大猪蹄子,你吃饱了躺在沙发上。那一刻,为什么你会幸福感爆棚呢?

因为那一刻,你身体里开始分泌一种物质,叫作血清素。

血清素是身体里的一种蛋白质,作用是代谢和排毒,促进胃液分泌,增强食欲。另外,它还有个神奇的功能:缓解不好的情绪,有助于镇定心情,解除焦虑。举个例子,当你突然间脾气不好时,赶紧补充血清素,甚至可以考虑选择直接注射血清素,就能够立马满血复活。

可是,我们不可能真的选择注射吧?那怎么获得血清素,从而得到快乐呢?

方法很简单,大家都用过,也都感受过它的强大功效,那就是美美地吃一顿,心情会豁然开朗。因为吃饱吃好,就是给身体直接提供了血清素,进而收获幸福感。具体吃哪些东西效果最优呢?

准备好,记菜单:坚果、瘦肉、鸡蛋、香蕉、苹果等。当然,除了大吃一顿,还有一种方法,那就是晒太阳!

好了,说完了,大家现在明白为什么有一个物种,叫作"快乐的胖子"了吧?

你,不会就是吧?

1.2 让人快乐的物质：多巴胺，就是怦然心动的感觉

如何快乐？身体会分泌三种物质让人快乐：多巴胺、内啡肽和血清素。现在就说说多巴胺。

你上街瞎逛，迎面走来一个身高一米八的小哥哥，很帅。

你暗想：不好，是心动的感觉。

这就是身体里开始分泌多巴胺了。它能给人带来一种唯美的想象，丰富的创造思维，澎湃的生命力量与激情。当然，这是场面话，其实，你就是对人家怦然心动了！

多巴胺就是一种大脑内部信息传递的物质，能够让大脑产生情爱啊喜欢啊这类感觉，让你兴奋。如何获得多巴胺呢？吃甜食、逛街、购物、喝酒、打牌……很多事后让我们产生罪恶感的事情，都是多巴胺的来源。所以说，多巴胺简单纯粹，是身体的一种奖励机制。

那么，什么叫奖励机制呢？

打一个我特别喜欢和人说的比方：我们的思想是我们自己，身体呢，是我们养着的一条小狗狗。好了，你养条小狗狗，它听话，

你是不是就要奖励它小零食呢？它看到小零食，会激动吧？它的激动，其实就是渴望小零食带给它的多巴胺。为了获得多巴胺，它会不断地摇尾巴，注意，是不断的。这就是上瘾。

是的，多巴胺是身体的奖励机制，因为获得它的方法简单直接，所以具备成瘾性。举个例子：甜食上瘾；恋爱脑没恋爱的中空期就抑郁；等等。

那么，三种快乐元素里血清素需要各种吃，多巴胺又要各种放纵，我们想要快乐，为啥就这么难呢？没事，我们的身体不是还有第三种快乐元素吗？内啡肽，那才是收获快乐的终极大招，因为它就是身体的补偿机制。

1.3 想收获幸福与快乐？
让内啡肽像冒泡泡一般分泌吧

如何收获幸福？如何得到快乐？那种让你"听君一席话，如听一席话"的理论超多。我们只说干货，继续科普身体里让你产生快乐的三种物质：多巴胺、血清素和内啡肽。

多巴胺，身体的奖励机制，简单纯粹直接，缺点是容易上瘾。

血清素，吃饱喝足便可得到的小小的快乐，缺点是会长胖。而第三种就厉害了，既不会上瘾，也不会长胖，这就是内啡肽。

内啡肽，身体的一种补偿机制，一种神经肽，除了具有镇痛功能外，还有许多其他生理功能，如调节体温、心血管、呼吸等。作用到你的感觉感受，就是舒服、幸福、快乐等。

那么，重点来了，如何获得呢？

第一种，当运动量超过某一阶段时，体内便会分泌内啡肽。为什么跑步者跑得那么辛苦，还要坚持？因为前面有内啡肽在等着他。第二种获得方式，居然是吃辣椒。这是因为辣味会在舌头上制造疼痛。我们都知道，酸甜苦这些是味觉，只有辣不是味觉，而是一种痛觉。身体为了平衡这种痛苦，就会分泌内啡肽，用来消除舌头上的痛觉。这就是吃辣火锅吃得满头大汗却兴奋得不行的原因。

第三种获得方式最好玩,居然是唱歌,而且要唱高音,你唱那种半死不活哼啊哼的歌,没用,要唱那种撕裂的、吼叫的,脖子上吼得都是青筋。

最后,来个彩蛋。内啡肽还有两个强大作用:首先,能改变人的外貌,让你看上去有活力、有魅力;其次,缓解抑郁,就是得让人身体里有足够的内啡肽,进而重拾活力。

所以,多运动才是快乐的王道。比如和我一样,多去跑步,每天都很快乐。

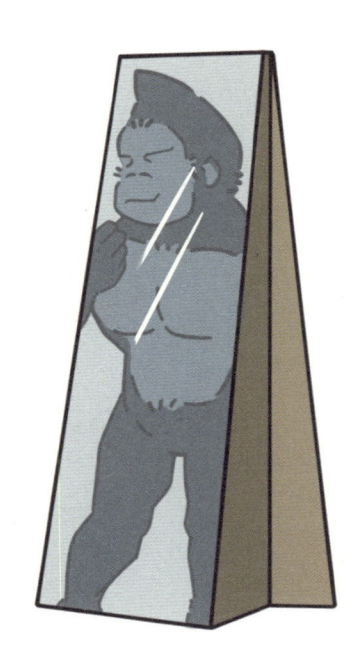

1.4 四种心理学效应，
令你成功吸引异性的注意

在情感问题上，人们会抛却理性，选择直觉。

于是，在二人世界里，就有了许多规律，能够直击直觉，让人变得愚蠢。那么，我们了解了这些规律，就能把握自己的感情，收获幸福。

今天就说四种心理学效应，令你更吸引异性。

第一是印象效应，就是看颜值。颜值不够，气质也行；气质不够，穿搭也行；穿搭不行，靠标新立异；标新立异也不会，没救了，只能孤独终老，天天打单机游戏吗？

No！还有第二种——曝光效应。我们常说日久生情，其实就是看久之后看顺眼了，觉得这人貌似也还行。丑吧，也谈不上；帅吧，只是不太明显。这就是鼓励单身狗多去增加曝光度，你天天在人周围出现，晃来晃去，万一被你逮住机会，让女神发现你好的一面呢？

第三种就是犯错误效应，也就是出丑效应。你不能总端着架子，总是很完美，有时候要暴露点小缺点，才显得亲切。全民视频时代，以前美颜全开的美女帅哥明星们，现在笑得露出牙床反而更吸粉，

就是这个原因。

第四种,便是值得好好聊一下的蔡格尼克记忆效应,指人们对还没有完成的事,要比对已经完成的事情更加印象深刻。简单地说,就是说话做事留一半,吊足胃口。我们普罗大众对于"说话留半截,让人无法释怀"这个技能掌握得都不熟练。那么,如何让自己具备这个高级技能呢?

好了,我也说一半留一半,能不能吊足你的胃口呢?

1.5 分手后为啥伤心欲绝?
你只是还没准备好

你和那个长得很丑的男友分手了,你很伤心。然后你就郁闷:去年我和那个大长腿小哥哥分手洒脱得很,为啥和这个丑八怪分手却让我如此伤心呢?

然后你就开始胡思乱想,以为这是因为自己年纪大了,断舍离没以前容易了,又或者因为对方心机太重,等等。

其实，都不是。

你不过是掉进了心理学的一个大坑，那就是蔡格尼克记忆效应。

什么是蔡格尼克记忆效应呢？指人们对于尚未处理完的事情，比已处理完成的事情印象更加深刻。也就是说，你还没准备好和这人分手，虽然他丑，可你还没有想要结束。我们再说得通俗点，就是对于在你的思维里还没结束的事、感情甚至某一个人，你的念念不忘和不甘心，都不过是因为还没处理完成而已。

蔡格尼克记忆效应，是20世纪20年代一位苏联心理学家提出的，名字不用问了，就是叫蔡格尼克。她在一个记忆实验里发现了这个效应。根据此效应，我们就可以得到以下这个对你的生活很有帮助的启发：如果事情没有做完，你就会一直惦记，无法全身心投入其他事情，严重分心，越来越烦。

所以，如果你在一段感情结束后还沉浸其中无法自拔，有时候真不是你看重这段感情，而是因为你陷入了蔡格尼克记忆效应里。在你的意识里，这个事没做完，这段关系还不该结束而已。那么，蔡格尼克记忆效应是不是又可以被人用来控制人呢？嗯，还真行，因为蔡格尼克记忆效应本就是一把双刃剑。

1.6 掌握蔡格尼克记忆效应，让你成为社交达人

蔡格尼克记忆效应，就是人们会对未完成的事情印象深刻，无法释怀。

那么，如何让这个神奇的记忆效应成为你在社交中的小技能呢？

首先，你需要学会制造悬念。举个例子，想要让人记住你，想让人对你印象深刻，想让对方将你表达的事情始终记挂在心，你就不能让人把你一眼看穿。怎么让人看不穿？出门聚会戴个头盔吗？理论上来说，确实是可以的。但咱大都不会这么做。那么，我们就要学会做一件事情，叫作制造期待。

再举例，别人问你什么，你回答"你猜"，这就是设置悬念。对方心里就会被激起蔡格尼克记忆效应。他就会反复试探、询问你。这样，这一次约会见面结束了，你留在对方记忆中的那个悬念就会一直在。

心理学科普不是教人成为心机达人，授各位以"矛"，接下来就要授"盾"。如何让自己从蔡格尼克记忆效应里解脱出来呢？如何从过去那段让你痛彻心扉的感情中走出来呢？干货来了！你得学会给自己设置终点，也就是给你的这段蔡格尼克记忆设置个结束点。比如告诉自己，我对他的想念，可以持续72小时。在这72小时里，你不要刻意约束自己"不去想他啊""要忘了他啊"。相反，你可以放纵自己去想念、去伤心。这也是给自己一个强心理暗示。

到这个72小时结束时，你会突然豁达起来，突然觉得：这段过往的故事，或许真的翻篇了。

所以，我们要学会让蔡格尼克记忆效应这把双刃剑成为自己的武器，使自己能够掌控自己的情绪，并成为社交达人。

1.7 每次恋爱都失败，
可能因为你得了爱情强迫症

所谓爱情强迫症，就是指不停地强迫恋人根据你的想法去做事的一种心理表现。

具体表现在：第一，超爱查岗，每天打电话或发微信问"你在干吗呢？""咦，怎么那么吵？""咦，怎么有女人声音？""是你妈啊？""我还以为是谁……"

可怕吧？一旦这类人掌握不到对方的行踪，就一大堆莫名其妙的想法，进入易燃易爆模式，那这一天就会吵架。

第二，如果对方不及时回复信息和电话，心里就隐隐冒火，手机屏幕都能盯出裂缝。然后又会吵架。

第三，会偷偷地查对方的电话记录、微信聊天记录。尤其有个特点，就是在一起时，对方接到任何电话，都会看似随意地问一句："谁打来的？"看似随意，其实心里的小九九却非常明显，还会注意对方表情，怀疑对方撒谎。一旦对方的回答令人不满意，就会吵架。

第四，极力想融入对方的圈子，然后开始指手画脚，根据自己的喜好，干涉对方交友。否则，还是会吵架。

第五是晒甜蜜，偶尔晒的不算。有爱情强迫症的人每天的朋友圈和微博压根儿没别的事，都是自己感情上那点事。你说低调点，同事领导看着不好。完了，肯定会吵架。

第六，特八卦，超迷信。每天盯着星座啊运势啊，如果今天上面写着向日葵星座的人会和癞蛤蟆星座的人吵架，结果，她受心理暗示了，吵架没跑儿。

以上就是六种爱情强迫症的特点，各位中招几个呢？也是因为这些特点，大家可以明显感觉到。爱情强迫症就是在感情方面极度缺乏安全感的一种体现。而这安全感，又是一个说来话长的问题。所以说，心理学问题就像是套娃，打开一个，里面还有一个。不过没关系，我们每天一起学一个知识点。把时间花在学习上，不要没事去钻牛角尖，没事就去扯着你爱的人吵架。

1.8 邓巴数字：
150定律，
我们的社交是有极限的

你还记得你的小学同学吗？大家在一起朝夕相处六年，按理说，你应该对大部分人印象深刻才对。可是，现在就算对着相片，你也认不全那些曾经熟悉的面孔了。

是我们忘性大，把他们都遗忘了吗？

没错，是真遗忘了，因为有限的脑容量限制了我们的社交活动，我们只能记得住150个人。这就是著名的"150定律"，即邓巴数字，是英国牛津大学的人类学家罗宾·邓巴在20世纪90年代提出的。该定律根据猿猴的智力与社交网络推断出：人类智力将允许人类拥有稳定社交网络的人数是148人，四舍五入就是150人。

那么，各位就会说了：我微信里有一两千个人，每个人我都认识，早就超出了150人。嗯，不是这样理解的。这里说的150人，是和你有真正社交活动的。所以啊，珍惜你身边的每一个人吧，因为你就是他/她完整社交世界里的1/150。

1.9 当你沮丧悲伤时,
用一分钟内化积极心态

在一门学科面前，我们要清楚自己的渺小。不能因为窥探到了一点皮毛，就忘了自己姓甚名谁，跑出去指手画脚。

这也是我们这个心理小百科秉承的一个原则：不贸然发表自己的观点。也就是说，咱不生产知识，毕竟没那能力，咱就是知识的搬运工。

而现在，我就给大家搬运一个很厉害的一分钟内化积极心态大法，能让你在沮丧、消极的时候，拥有积极乐观向上的心态。提出这个方法的是美国神经心理学家里克·汉森博士。

来，我们一起试一下：深呼吸三次，在你呼吸时，尽量抛开烦心事，去回忆能够让你感受到温暖的一切——父亲的肩膀、母亲的饭菜、女孩的温柔、男友的拥抱。还有那些你一直想要感恩的人，其实一直都在你身边。现在努力回忆，让他们一个个出现在你的脑海里。

接着，努力回想一个你一直关心与爱护的对象，可以是一个女孩，一个小婴儿，甚至是你的猫咪、你的狗狗。你与爱你的人之间，或者你与你爱的人之间有什么？有爱，有平和，有满足。让这些充满你的世界吧。

继续深呼吸，去感受，感受那些人和那些事。感受爱，感受平和，感受满足。

没错，快乐是需要你去感受的。忧伤、难过会让你深陷情绪沼泽，用这个方法，你就能回归积极乐观的状态。

我们的很多**小动作**，其实都有**大来头**

每个抖腿的人，心里都有一台缝纫机
一孕傻三年是个什么情况
沉迷吃喝不能自拔，可能是神经性贪食症
长相显老，真是因为你压力大
沉迷游戏——脱离自我的行为
盲盒，为什么能让人无法自拔
内模拟，别模仿了，释放你心中的渴望吧
为什么女人和女人逛街，喜欢手挽手

2.1 每个抖腿的人，
心里都有一台缝纫机

抖抖心理学

上学那会儿，有些课安排在阶梯教室。

一屋子人，男男女女坐那儿，我们中有个大块头同学一紧张就开始抖腿。阶梯教室的座位不都是一整排连在一起的吗？他抖腿我们就被带进去了，心里有了台电报机，我们这一整排人就是发电报的团伙，他是总指挥。

书上说，抖腿是因为焦虑、紧张。结合我那位指挥发电报的同学来说，似乎说得通。可我们看待世界，要用辩证的观点。我弟弟也喜欢抖腿，他紧张不抖，焦虑不抖，只有得意的时候抖。去年把自己的车从奥迪换成了保时捷，跑来炫富。我们俩面对面坐着喝茶聊天，他就开始"踩缝纫机"，抖了有两小时，快乐得不行。

那么，抖腿到底是什么原因呢？为啥有人一焦虑就抖，快活时不抖？另外一些人恰恰相反，紧张时不抖，快活时抖？还有人自卑抖、悲伤抖、低血糖抖、高血压抖……那么我就直接说干货，解答人究竟为什么会抖腿。

遗传心理学说了：抖腿是远古时期人类为躲避危险下意识做出的动作，是由一系列动作合并而成的——抬起脚后跟，脚尖着地，大腿绷直，用力，抖动，再抖动……抖动……抖动。整个过程，不就是人在跑步时的全套动作吗？所以说抖腿是源于远古时期躲避危险的技能。那么，我们可以得出一个结论：我那位发电报的同学在阶梯教室的课上，潜意识里真正想做的并不是带领我们发电报，而是想逃跑。

2.2 一孕傻三年

是个什么情况

我们常说"一孕傻三年",实际上在国外也有"孕傻"这个说法。

科学家进行了很多研究,搬出了一堆数据,我们就不照搬了。相反,怀孕可以令身体产生一些激素,令人镇定。请注意"镇定"这个词,不是你面对大风大浪处变不惊的意思,而是你在大风大浪面前,能够很潇洒地呼呼大睡。睡多了,你关注事情时就不会那么高度集中了,让人瞅着就是个傻傻憨憨的模样。

并且,因为你身体里孕育着一个新的生命,你就会将精力放到新生命上,不再执着于周围的事情。当然,这也是正常。所以,你的工作脑、生活脑就会进入一个低谷期。我们每一个人都有生理周期,在低谷期时思维跟不上,精神不佳,没那么容易兴奋,这都是正常的。你将大部分精力都放在了身体内那个缓缓长大的新生命上,这不是孕傻,你不过是被"一孕傻三年"那句话加了个强烈的心理暗示。

所以,美丽的准妈妈啊,你现在好得很,是世界上最聪明也最伶俐的女孩!

2.3 沉迷吃喝不能自拔，可能是神经性贪食症

我们要讲一个有点重口味的故事，但这个故事的主人公，却是我们现实世界里一位真正的童话人物——戴安娜王妃。

王妃曾患有一种叫作神经性贪食症的病症，就是需要大吃特吃，在特定时间内吃下比常人食量多几倍的食物。而且可怕的是，她并不是易瘦体质，很容易胖。那么，她是如何吃那么多美食，享受了之后，依旧保持苗条身材的呢？

接下来要讲的部分，大家可千万不要学！

她的丈夫，彼时还是英国王储的查尔斯王子说过一段话：我和她结婚后的整个蜜月都是在呕吐物的气味中度过的。是的，戴安娜王妃用了催吐药物——她在享受完美食后，会吃催吐药物，把自己吃到胃里的食物全部吐出来。她每天要吃三四顿饭，那么每天就要吐三四次。所以大家想想，查尔斯王子作为一位优雅的贵族，别人打嗝估计都要绕开他。结果自己的夫人每天抱个桶吐三四次。况且，她每顿饭的饭量还不小。那么她这一吐起来，应该就不会在一两分钟内搞定。毕竟吃下去多少，原路返回应该要更长时间。

听到这儿，大伙皱眉了吧？好了，我们再回到王妃的神经性贪

食症，这是一种精神心理性的进食障碍，多见于女性青春期或者成年初期。具体表现为反复发作、不可控制的暴饮暴食，随后又通过催吐、催泻、过度运动等方式进行过度减肥。而且这病还有个特点：有 30%~80% 的患者会有神经性厌食症的病史。也就是说这类人还会出现极端状况——这个月贪食，下个月可能又厌食。如果遇到这种情况，建议大家及时就医。

不过，各位也别对号入座，偶尔的暴饮暴食只说明你今儿个胃口不错。

2.4 长相显老，
真是因为你压力大

都说压力大会让人显老，那我们就尽可能简单地说说这个问题。

我们人啊，骨子里有一种基因，是祖先留给我们的——遇到危险第一反应是想逃跑。所以，当你压力大时，身体会开始为逃跑做各种准备。首先，我们的身体会分泌出一堆激素，如促肾上腺皮质激素、催乳素等，让身体进入戒备状态。我们也可以理解成身体开始整理细软,为逃跑做准备。皮肤作为我们人体最大的器官,自然要跟着起哄。于是啊,它就开始加速分泌促肾上腺皮质激素释放激素(CRH),以及糖皮质激素等。

那么,这些东西会带来什么问题呢?

比如促肾上腺皮质激素释放激素会导致皮脂腺分泌油脂旺盛,油脂多了,堵住毛孔,就会长出痘痘。长了痘痘后,你自然会变得更加不开心,从而压力更大。那么,身体就会分泌更多的激素,长出更多的痘痘,形成一个恶性循环。

听迷糊了吧?

通俗地讲就是:压力使身体分泌的各种激素,会直接影响我们体内的细胞。这影响相当于加速了9~17年细胞的老化。也就是说,长期处于压力很大的生活状态中的人,有可能看起来比压力小的人要老上9岁,甚至17岁。所以,为什么你感觉压力大的时候,特别憧憬到一个遥远的地方好好休息一会儿呢?这其实就是骨子里应对危险、想要逃跑的想法在作祟。

很遗憾,我们得依靠工作来养家糊口,所以,我们还是需要默默面对压力,尽量在承受压力的同时保持美貌。

那么重点来了,缓解压力令皮肤放松有三大绝招:

第一,运动。尤其是户外运动,这是最好的解压大法。

第二,按摩。尤其是全身按摩,做个SPA彻底放松。

第三,泡澡。泡澡有极好的放松情绪的效果,如果条件不允许,泡脚也行。多泡一会儿,把压力消除得干干净净。

2.5 沉迷游戏

——脱离自我的行为

　　脱离自我是个心理学名词,指脱离当下的意识,如苦闷、自卑、抑郁、焦虑。这并不是个贬义词,而是一种心理防御机制,防止过度糟糕的情绪损害人的精神,就像人类生理的防御机制——免疫系统一样。

举个例子：酗酒，这就是脱离自我。因为当你喝醉时，酒精就解除了大脑的禁忌。一通瞎说瞎闹，沉浸在胡作非为的状态，十分快乐，完全忘记了失恋、失业带来的痛苦。那么同样，大家想一下：沉迷游戏的过程，是不是也和醉酒一样？当你和游戏里的朋友们在虚拟世界一通疯狂操作时，现实生活中的不如意是不是也都被短暂地遗忘了？

况且这种脱离，在青少年中体现得更为明显。一些青少年成年以前会迫切希望在成人世界中拥有自己的位置，为了满足这种心理需求，设计师就会在游戏中做很多独特的设计，让这些孩子能够在虚拟世界中得到满足。比如我自己，青少年时期就在虚拟世界里为我游戏中的"妻子"拼杀了好几个月，得到了她对我的依赖与爱意。这其实也是成年男性骨子里对异性的保护欲在作祟。只不过，后来……后来他透露了真实性别后，我们又成了好兄弟。

2.6 盲盒，
为什么能让人无法自拔

为什么有人喜欢盲盒呢?

首先看数据,购买盲盒的有75%是女性,另外的25%是男性。那么,我们就来看看,女性消费者买东西一般都是出于什么目的呢?

猎奇,攀比,好看,随心……

那么我们来梳理一下。当你面对一个盲盒,没打开时不知道里面是啥,很期待,这就是猎奇心理。和你收到快递包裹时,明知道里面是啥,依旧激动的心态一样。然后,你打开盲盒,就有两种结果,一个是得到你想要的,你会惊喜,产生虚荣,觉得别人没有,就你有了,心态一下就很好了。第二个结果是没得到你想要的,那么你会感觉遗憾、失落、不甘心,这就是典型的赌徒心理。再接着呢,从拆开第一个盲盒开始,你的强迫症就已经拉开帷幕,你会产生收藏癖好,从此成为盲盒的铁粉。

听明白了吧?小小的盲盒之所以火爆,揪住的都是你心理上的诸多弱点——猎奇,虚荣,攀比,收藏癖,强迫症……不过,我个人觉得有点这样的小爱好也挺好,让没什么惊喜的生活多点刺激,未尝不可!

2.7 内模拟，
别模仿了，释放你心中的渴望吧

当你看到你认可的人的模样时，就会不由自主地进行模仿，这就叫作内模拟。

德国心理学家谷鲁斯认为，心理活动有着对于外在事物的内在象征性模仿，这种模仿分为一般知觉性模仿和审美性模仿两种。

举个例子，你看赛马时，心里是不是会有马蹄落地时有节奏的"嗒嗒"声？实际上你并没有听到这个声音。这就是你内心对这一场景的模仿，也就是知觉性模仿。

再举例，你刷视频软件时看见漂亮女孩的跑步姿势很好看。那一刻，你脑海中就会有自己也在奔跑且也跑得很好看的画面，说明你内心对运动有着强烈的向往。这就是审美性模仿。

所以，跟随你的内心，将你的内模拟变成真实模拟。天气这么好，换双跑步鞋去跑跑步吧，你会重新邂逅星辰大海！

2.8 为什么女人和女人逛街，
喜欢手挽手

你和闺蜜逛街,为啥总喜欢手挽手呢?不麻烦吗?不腻歪吗?

这是因为女性的触觉更敏感,她们更喜欢通过接触的方式去感受亲情、友情和爱情,包括拥抱、牵手、贴脸等亲密动作。

女人对触觉的敏感性与体内的一种激素有关,这种激素叫催乳素。催乳素有一种功能,那便是刺激触觉感受器。在我们的皮肤上有 280 万个痛觉感受器、20 万个冷觉感受器和 50 万个触觉感受器。大脑对催乳素有需求,便会要求触觉感受器去采集兴奋。怎么兴奋呢?接触。只不过你不能没事就和闺蜜拥抱,如果让接触面最大化呢?拥抱着逛街也迈不开步。那就选择手挽手,也算将触觉感受器能够感受接触的面积最大化了。

至于男性,他们体内其实也存在催乳素,只不过含量极少。特别是当他们正全神贯注地做一件事情的时候,对身体接触的需求就完全无感了。

所以,在各种社交场合,两个女人之间的身体接触,要比两个男人之间的身体接触多出 4~6 倍。

而这,就是你总喜欢挽着你闺蜜的手逛街的原因。

大众对心理学理解上的一些误区

戒网瘾用的电击,其实真是科学疗法
世界上还真有吃啥都不胖的人
破窗效应:你好看,不能是你受伤害的理由
贩卖焦虑不是心理学,他们用了三大套路
容貌对人的影响——深度解析食堂阿姨手抖的真实原因
EMO:情绪硬核,怎么突然成了热梗
心理学专业都能做些什么

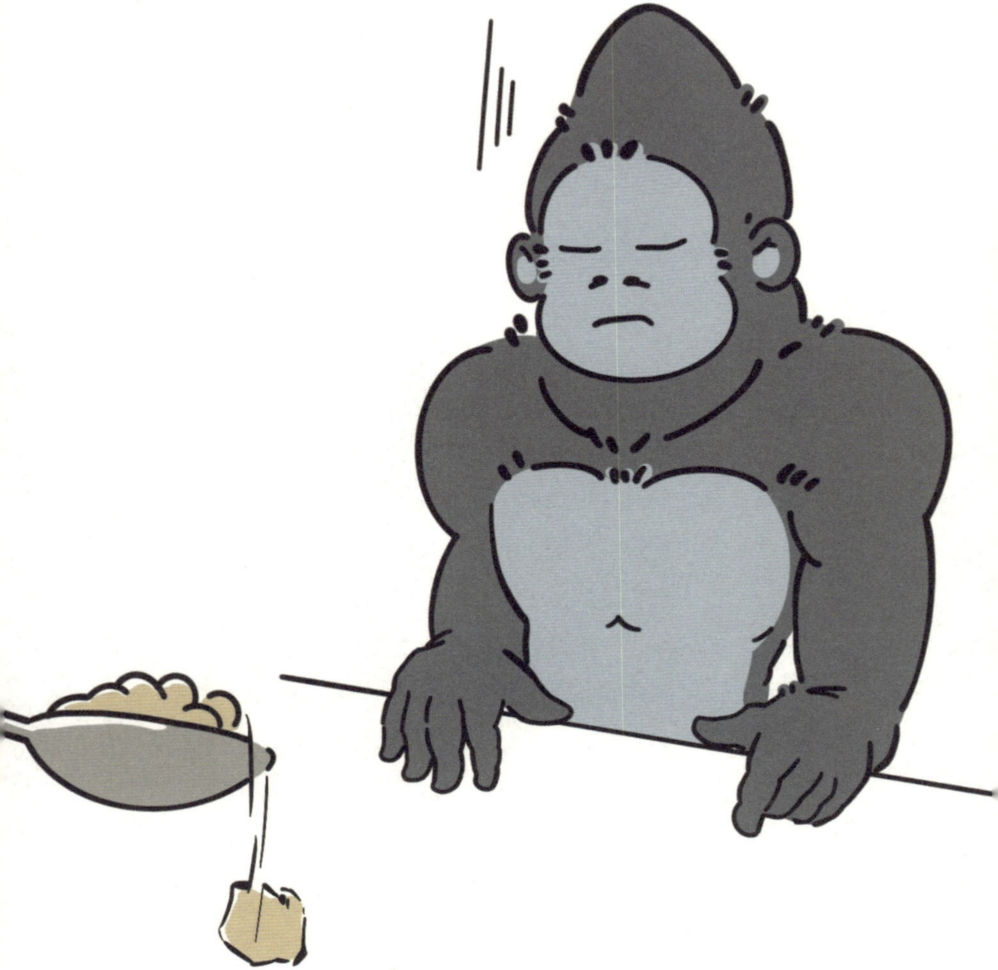

3.1 戒网瘾用的电击，
其实真是科学疗法

之前被人诟病的戒网瘾学校，大家应该都知道。有网瘾的孩子们被送过去，他们就把这些孩子按住，一通电击。被媒体曝光后，他们就关门逃跑了。

这类学校所用的电击疗法，也被大众批判。可实际上，电击疗法在精神科和心理学领域是个经典疗法，学名叫厌恶疗法，是巴甫洛夫的经典条件反射学说和斯金纳的操作条件反射学说结合后的产物。原理是应用有惩罚的厌恶刺激来矫正和消除某些不良习惯。这个疗法主要适用于露阴癖，就是我们平时说的暴露狂，以及恋物癖、酗酒、吸烟等，疗效很好。所以，戒网瘾学校对网瘾少年用上电击，某种程度上算是实践主义者的实践。

厌恶疗法的第二种，是药物厌恶疗法，就是吃呕吐药之类的。我记得之前我一个好朋友为了戒烟，买了一条气味特别臭的香烟，烟瘾来了就吸这种烟。大家感受下，他这种行为叫作"从自我内部毁灭"。就算过去这么多年，到现在，我只要一想起他的那条烟就想吐。因为那让人崩溃的烟臭味，不只他自己能闻到，旁边的人也能闻到。所以也不能说是他在寻求自我毁灭，应该是拖着身边人同归于尽，算典型的利己主义者的行为。

还有第三种——橡皮筋疗法，就是在手腕的位置套个橡皮筋，出现不良行为就拉扯橡皮筋弹自己。我记得有部电影里面的特工小组的队长就戴着这个，想杀人了就自己弹自己。

而第四种比较温和，叫想象厌恶疗法，给人口头描述厌恶情景。这种方式我始终琢磨不透。

我给想要戒除某些坏习惯的朋友推荐的是第三种，橡皮筋疗法。大家自己可以上网买几个橡皮筋，有犯错冲动时，就弹一下自己，效果还是很不错的。

3.2 世界上
还真有吃啥都不胖的人

现在流行以瘦为美，实际上从生物学角度来说，人类对配偶的审美喜好是以能够更好地繁殖为最终目的的，太瘦并不是优选。所以说，人类还是一个跟随大众喜好而游走，经常迷失自我的群体。

然后很多人就羡慕，说身边的谁谁谁食欲那么好，还吃不胖。再看自己，每天憋着这也不吃，那也不吃。偶尔豁出去来一句"今晚就这样了，怎么着吧"，第二天一上秤，重了两斤。几个月的辛苦功亏一篑。今天我们就跟大家说一说：其实，容易长胖只是你运气差，投胎投了个内胚层体格而已。

美国心理学家威廉·赫伯特·谢尔顿（不是《生活大爆炸》里的谢尔顿）在他的《气质的多样性》（《The Varieties of Temperament》，哈珀兄弟出版公司，1942）里就说了，体格分三种，哪三种呢？首先，是内胚层体格，就是丰满型，很难瘦下来那种。这类人就算通过锻炼练出了一身肌肉，停下来也会立马反弹。

第二种是外胚层体格，就是我们说的瘦子型，反正吃啥也不会胖。

第三种，中胚层体格，相对来说比较均匀，很多运动员就都是这种体型。

然后呢，针对这三种体型，心理学家又开发了很多性格，这里就不展开说了。只不过，我自己当时就好奇，到底怎么区分这三种体型呢？或者说怎么辨别自己是哪种体型呢？便继续查书，书上说得比较复杂。可我总想要提炼，最后，还真找出了最简单的分辨三种体型的方法，那就是看脖子。

短粗脖子，内胚层人，喝水都胖。

细长脖子，外胚层人，吃啥都不胖。

长且粗的脖子，就是中胚层人，随便练练就一身肌肉。

另外，最让我们羡慕的吃啥都不胖的外胚层人，还有一个很明显的特点，一看就能分辨出来，那就是——胸部平坦。

3.3 破窗效应:
你好看,不能是你受伤害的理由

社会上有些人很奇怪,看到姑娘们穿裙子就酸溜溜的,说人家这是诱导人犯罪。照他们这个逻辑,好莱坞走个红毯,西方男性岂不都得违法乱纪了?

犯罪心理学就认真剖析过这种心理,便是破窗效应。斯坦福大学心理学家菲利普·辛巴杜做过一个实验,他找了两辆一模一样的汽车,一辆停在中产阶级社区,另一辆停在治安不好的社区。他把后者的车牌摘掉,顶棚打开,结果这辆汽车当天就被偷走了。而放

在中产阶级社区的那一辆，放了一周都没事。接着，他用锤子把放在中产阶级社区的那辆车的玻璃敲了个大洞。结果，几个小时后，这辆车居然也被偷走了。

这就是犯罪心理学中非常经典的破窗效应：如果有人打碎了建筑物的某一扇窗户，其他人就会受到示范性的纵容，打碎更多的窗户。因为，破碎的窗户会给人一种无序的感觉，也就是一种心理暗示，令犯罪案件滋生。

所以说，环境对人的心理形成以及行为表现，具有强烈的暗示性和诱导性。人们会被环境影响，同时人也会影响环境。只不过，在那些喜欢嫉妒别人的人眼中，满世界都是破窗。

3.4 贩卖焦虑不是心理学，
他们用了三大套路

贩卖焦虑不是心理学，心理学是不会贩卖焦虑的。

我最初接触心理学，是因为想要偷懒。相较于其他自然科学来说，心理学没那么多符号和公式。可后来一入门，眼前就一抹黑了，书上整出一个大脑的切面图，要我对照着看。当时我就感觉很奇怪，心理学家不是研究那些虚无的东西吗？不是说说身心灵，很厉害的样子吗？为什么还扯出了神经科学的知识呢？

书上说，人始终只是个生物体。心理学发展到现在，聚焦点早就不再是那些说出来像是真理，但进一步求证却发现无法被证实的口号了。而行为，成了研究的重点。

相反，当下自媒体与碎片阅读里，贩卖焦虑的人们也说自己的那套言论是心理学。他们说：娃娃不早教，输在起跑线；又说：不保养，30岁像大妈等。可这些是心理学吗？不是，真不是。

那为什么大家会喜欢听他们说道的这些东西呢？

这就是伪心理学用的三大套路，每个点都能击中大家：一、女人怕丑，类似文案就不举例了，满大街都是；二、小孩怕笨，类似文案"不能让娃输在起跑线"；三、老人怕死，类似文案你去家人群里看，长辈们都发了一大堆。这些都是伪装成心理学的贩卖焦虑分子。建议大家远离这些内容，当你看到长辈发那些"再不看你就晚了"的文章时，检讨下自己，是不是也正在看同类型的文本呢！

记着，他们无非是三大套路：女人怕丑；小孩怕笨；老人怕死。

3.5 容貌对人的影响
——深度解析食堂阿姨手抖的真实原因

食堂阿姨抓勺的手,在校园时代属于玄幻般的存在。

学生们本就在长身体,遇到食堂阿姨手抖,就会吃不饱。那些漂亮讨人喜欢的女生,还有小帅哥们,却一个个饭菜多得吃不完,最后还要倒掉。每每看到,我都会感觉人生太不公平。

到后来看了书,发现"看脸"这件事心理学早就专门研究过了,叫首因效应,又叫优先效应或第一印象效应。由美国心理学家洛钦斯首先提出,指第一印象对今后交往关系有着很大的影响,也就是容貌导致了先入为主的评判。

虽然这些第一印象并非总是正确的,却是最鲜明、最牢固的,决定着以后交往的进程。高颜值的人往往自带光环,第一印象会让别人忽略其身上存在的其他缺点。

那么,如何解决这些问题呢?来个干货。当你面对食堂阿姨时,使出人类社交的无敌大杀器——微笑。

3.6 EMO：情绪硬核，怎么突然成了热梗

EMO，最近比较火的一个网络用语，而且大有来头，全称 emotional hardcore，中文名情绪硬核。

本意是指 20 世纪 80 年代流行起来的一种摇滚风格，就是随着情绪变化的硬核朋克。具体行为体现是啥呢？直接说具体在外表上的刻意呈现吧，就是杀马特风格。

所以，这些天本来帅气的你，张口闭口跟人说自己 EMO 了，其实就是说自己是彩色头发的托尼老师范儿。

不过，也没关系。一个词语的定义本来就是随着时代的变化而变化。那么，互联网上的这个 EMO 又是什么意思呢？它是抑郁——emotional 的缩写，就是"我情绪上来了""我颓废了""我抑郁了""我傻了""我非主流了"等意思。

最后呢，还有个更标准的答案：EMO，E（一）个人默默地心碎。别这样，别 EMO 了，好好生活！

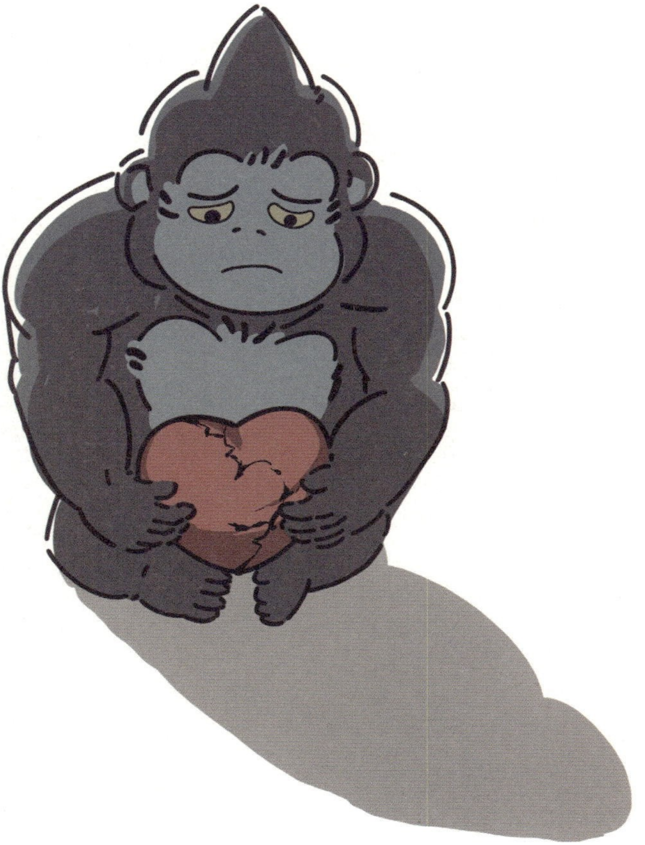

3.7 心理学专业
都能做些什么

大家都以为学心理学的人最后都会去做心理咨询，跟电视剧里一样穿着职业装、戴着金丝边眼镜，眼睛里闪烁着睿智的光，体体面面地站着把钱挣了。

可实际上，这只是一种理想化的就业模型而已，做心理咨询养活自己的只是极少数。

那么，学了心理学专业的人，一般是去什么单位工作呢？

一，现在很多小学、中学、大学都设有心理健康教育指导中心，对学历的要求很高；二，政法系统会招心理学专业学生，或者跟警察叔叔聊聊天，或者去监狱给坏人说加油、你好棒；三，企业里的人力资源部门会招收心理学专业的毕业生给应聘者面试，尤其是外企。

接着就是真正的临床心理咨询领域了，医院以及社会上的心理咨询中心。前者是正儿八经的医生，医学生学制最少5年，就算收非医学的临床心理学生也特严格，因为心理学专业毕业生并不具备从医的资格。所以就会出现很多精神科、脑科的医生自学心理学提升能力的情况。另外，就是社会上的那一批真正从事临床心理咨询工作的,他们并没有你们想的那么体面,因为去看心理咨询师的人很少很少。

不过在以上 5 个职业之外,还有一些人学了心理学后从事与专业关系不大的职业,比如婚介所的,比如电台情感主播等。还有,写小说的学了心理学,作品里的人物就会很酷,比如——我!

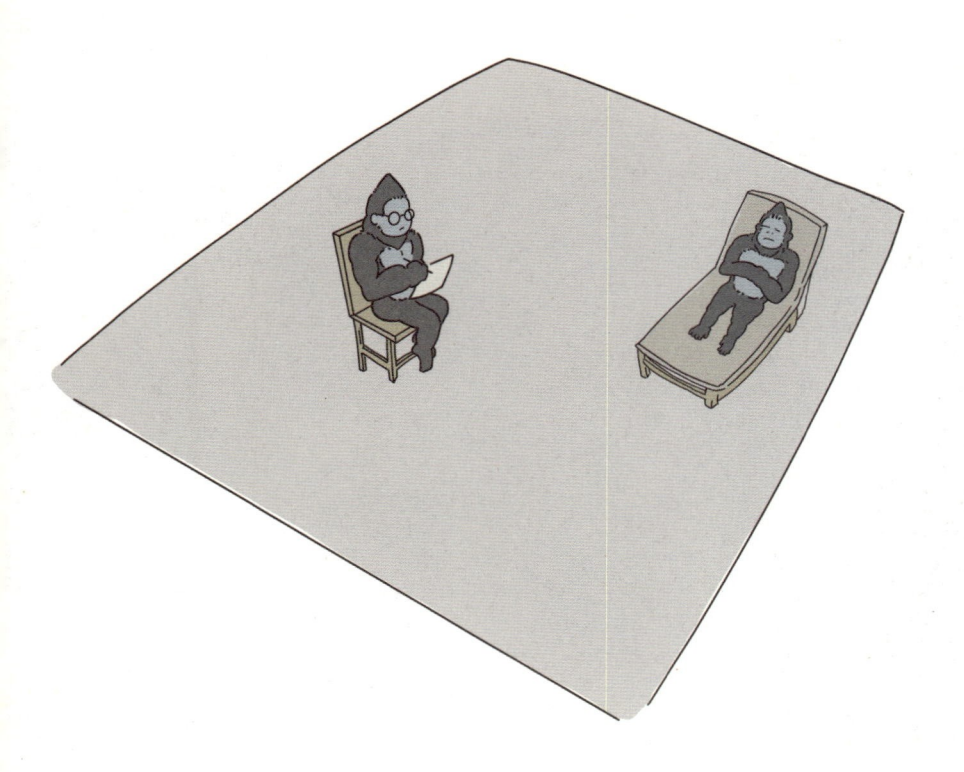

第 2 章
催眠与心理暗示

催眠是什么

催眠,其实就是心理暗示
舞台上的催眠都是真的吗
如何施展自我催眠
清醒催眠,是如何控制你的
催眠治疗:重塑潜意识

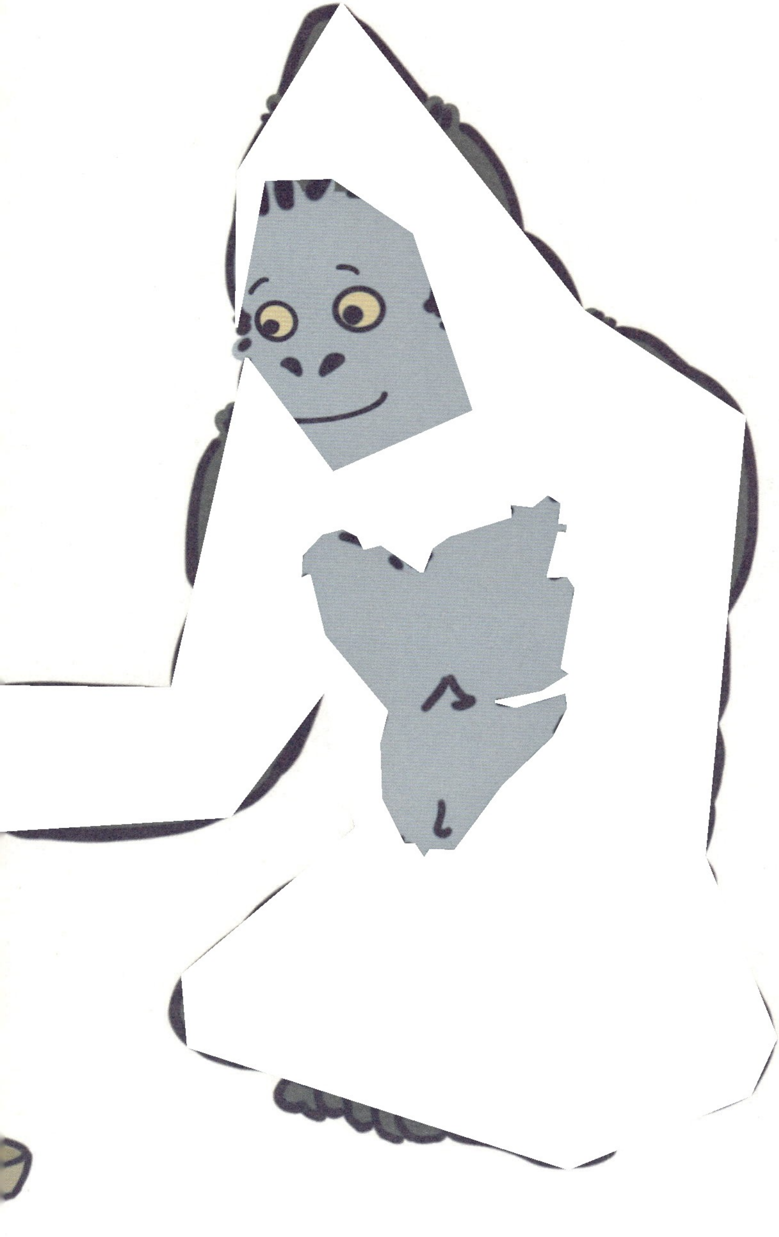

1.1 催眠,
其实就是心理暗示

今天开始说催眠,并且,我将在文字里用上催眠,所以,阅读的时候,请您小心。

催眠,听起来很厉害吧?其实它的本质就是心理暗示。有个广告的广告语大家应该都有印象:你是不是感觉喉咙有异物,咳不出来又咽不下去?早上刷牙还恶心干呕?电视机前的我们一听到这儿,就觉得不对劲了,一下子喉咙里就有东西了。这就是一种典型的强心理暗示。

那什么是心理暗示呢?

心理暗示效应,指的就是人们对外界或他人的愿望、想法、情绪等的接受程度。心理学家巴甫洛夫认为:暗示是人类最简单、最典型的条件反射。不一定需要根据,但由于主观上的肯定,心理上便会跟随。

举一个发生在我身上的例子。2018年年末,我的小说《人间游戏》上市,我出发去北京做签售会。因为我懂点心理学,所以读者提问时,就有人问了一个问题。她说:"老师,我每天睡觉前不去一趟洗手间,就总是觉得别扭。这是怎么回事呢?"当时怎么回复她的,我

已经不记得了。但是,从那天开始,我每天睡觉前不去一趟洗手间,都会很纠结。

是的!

睡前要上洗手间!

睡前要上洗手间!

睡前要上洗手间!

我想从今晚开始,你也会和我一样,睡前要上洗手间了。

1.2 舞台上的催眠
都是真的吗

催眠术,真的有那么神奇吗?

怀着这个疑问,我买了一堆书开始研究。看了一会儿后,发现里面教的催眠技巧有点像魔术。查了查资料,发现催眠的主要目的还真是为了表演。

不好吧?学会一门学科,然后表演给人看,这是卖艺。

咱得有底线,不卖艺!

那么,就回到我们问题的起点:舞台上表演的那些催眠,是真的吗?

答案当然是真的。催眠术的应用,大部分还真就是用来表演的。催眠师在舞台上搞得神神秘秘的,让你觉得他要搞事情了。不信他的人满脸不屑,没关系,催眠师压根不管你。因为总有些信的人,脸上开始出现期待的表情,这就是催眠师需要的配合表演的人。一般是女性,未经世事的小姑娘或者比较迷信的中老年女性。因为她们意志相对薄弱,属于受暗示性比较强的人群。

接着,催眠师就邀请这类人上台,开始他们的表演。具体就不展开说了,因为那都是话术加套路。前提都是受术者自己愿意接受

心理暗示。

没错，自愿——这个是催眠这项技能的底线。不得到对方的同意，是绝不能强行催眠的。再说了，你不愿意，也就是压根不相信他这套，那么他也对你实施不了舞台表演中能展示的那些快速催眠术。

1.3 如何施展
自我催眠

催眠状态是一种什么体验呢？

美国催眠大师奥蒙德·麦吉尔在《催眠术圣经》里说：催眠状态可以定义为人的一种精神状态，最大特点就是注意力变得绝对集中。

要知道，我们平时都是意识占据主导位置。比如明天就要驾照考试，你想好好看会儿题，因为你科目一考了五次都没过。结果你刚开始复习，你的朋友就给你发微信消息，说她们公司新来了一个帅哥。然后你就没有心思看题了，意识里对于八卦的需求让你要求姐妹拍照给你检测下，看到底帅不帅。然后一通聊，时间就全花在没任何意义的事上了。最终导致的结果是——你今天晚上又没刷题。接着，焦虑就找上你了。

那么，我们可以尝试用上一点催眠术里的小技巧，因为催眠状态是你的一种精神状态，能让注意力绝对集中。请注意，是绝对集中，不是高度集中。那么，你想要得到这种集中吗？想要好好看题吗？

你先把题都打印出来，厚厚一沓，很有质感。手机调成静音模

式，放到隔壁房间。然后泡一杯咖啡，或者沏一壶茶。接着，拿出你买来后从没用过的精油啊，香薰啊，檀香啊，点上。整个过程，你可能要花上15分钟。看我写到这儿，你就会想，这不是浪费时间吗？搞这些没意义的事情？并不是，因为这个过程里的每一步都是你在给自己进行心理暗示，一种即将邀请你的大脑全身心投入学习状态的自我催眠。

接下来的一两个小时，你会发现自己一下就安静下来了，并且能够注意力集中地投入你要做的事情。实际上，这也就是给生活塑造仪式感，属于非常科学的自我催眠大法。试试吧，你会发现，世界再如何纷纷扰扰，一旦清除杂念，回归安静其实并没有那么难。

1.4 清醒催眠，是如何控制你的

催眠状态分成两种：清醒催眠和深度催眠。

先说清醒催眠，举个例子：你是个高大魁梧、毛发浓密的壮汉，但非常怕狗。可是你的女神养了条很热情的狗，看见生人就兴高采烈凑上来。在平日正常的状态下，要你去伪装喜欢狗并去摸一条狗基本上是不可能完成的事情。

这时，女神对你说："大黄非常听话，不咬人，你试试摸摸它。"

这就属于清醒催眠。催眠的本质，是绕开你的主观意识来发号施令。此刻，你的主观意识是害怕狗，接到的指令却是要摸狗。这么说可能还不够具备杀伤力，那么我们继续举例：女神说"狗不咬人"的话自然是无法说服你的，因为你是个强大的男孩，怎么可能被人随便说几句就没了原则呢？可实际情况是，你想讨女神的欢心，要走进她的家门，就必须跨过怕狗这条坎。怎么办呢？

于是，你开始给自己打气，也就是进行自我催眠。多年来看的励志文章，诸如"能打败你内心恶魔的只有你自己的强大"，反正就是那些给自己打气的话，一一涌上心头。最终，你成功给自己清醒催眠了，伸出你颤抖的手，去摸了摸大黄。而这整个过程，就是一

次完整的清醒催眠过程。当然，我们的例子里是你进行自我催眠。现实生活中，也可以是你的好兄弟在旁边给你打气灌鸡汤。核心是有"鸡汤"——这个能够说服你绕过主观意识，去做指令里的事的催眠手段。

我经常反复给人强调，催眠就是强心理暗示。有了今天这条关于清醒催眠的知识，大家更可以得出结论——催眠啊，还真就是和自己较劲的暗示而已。所以说掌握点催眠术，能让你觉得自己无所不能。

1.5 催眠治疗:
重塑潜意识

　　潜意识是一个记忆的储藏室,这里面储藏的东西可能你自己感觉不到,但它会对你的很多行动产生影响。如果你的某个想法,和你潜意识里已经存在了很多年的认知产生分歧,自然就会被你的潜意识排斥。

　　比如,北方人吃豆腐脑放卤,而在我这个南方人的认知里,放卤是严重违背常理的行为,必须放糖。至于我是什么时候开始坚信这个搭配的,我也不知道。只不过,谁要说服我放卤不放糖,就是和我潜意识里形成的认知相悖,会被我的潜意识排斥。

　　那么,催眠暗示的力量有多强呢?它居然可以改变我这个根深蒂固的想法,也就是利用催眠与暗示的力量,让人戒除顽固的坏习惯。

　　为什么呢?

　　我们说原理:潜意识与显意识是两个层面的海水。平时都是显意识呈现在外面,我们以为改变显意识就可以改变我们的坏毛病。比如喜欢咬指甲,我们会告诉自己别咬了,甚至在指甲上涂清凉油,这是方法与技巧。可实际上这些并没有作用到我们的潜意识层

面，你下意识做出什么举动时还是会不自觉地咬指甲。那么，在催眠状态下，我们的意识就会出现一次潮汐，显意识退潮开始休息了，潜意识就会显现出来。于是，在这个状态下，心理咨询师和你沟通，对你进行干预，询问潜意识里的你到底为什么喜欢咬指甲。这就是催眠疗法里所说的潜意识的凸显。然后，针对你的潜意识里深层次的咬指甲原因，进行解决方案的制定，就能改正你咬指甲这个顽疾。所以，要想解决自己的很多问题，我们还是要努力深究问题形成的核。只有找到了问题的核，才能真正将它们消灭。

所以看到这里，大家是不是明白了为什么一部分人一直坚定地认为豆腐脑必须放糖了吧！

在我们枯燥的生活中,

用用催眠术

让你的心理暗示真正具备杀伤力
学会心理暗示，你想要喝奶茶，就能喝到奶茶
催眠技巧：深呼吸，引导人听话的超级手段
洗脚城里居然隐藏着深不可测的催眠术

2.1 让你的心理暗示真正具备杀伤力

催眠就是强心理暗示，说得更直接点，就是作用于人的意识的影响力。

你影响力不够，对周遭的人说了啥，相当于没说。反之，影响力足够，就能达到你的目的。

举个例子：你现在蒙上你老公的眼睛，让他张开嘴，对他说"我现在要喂你吃柠檬了"。接着，你制造出切水果的声音，说："这柠檬真酸啊。"这时，你去盯他脖子，就会发现他有非常明显的吞咽口水的动作。这说明他的脑海里已经有了即将吃柠檬的意识。

好了，我们换个人，还是蒙上你老公的眼睛，让你家三岁的儿子奶声奶气地说："爸爸，我现在要喂你吃柠檬了，你要小心啊。"接着，你再看你老公，绝对没有吞口水的动作。相反，他会露出傻乎乎的笑。这是因为你——一个成年人施加的影响力是足够的，而你三岁儿子的影响力不够。

那么，怎么加强自己对别人心理暗示的影响力呢？

三个方法：第一，时机的选择。如在一件事情即将发生时，提前告诉目标对象，这样关联的反应就会自然产生。比如刚才说的切

柠檬的声音,以及说要喂柠檬了。

第二,说话的方式。你得保证音调、音量以及措辞都是对方能够接受的。你扯着嗓子向整栋楼的人喊,说你要喂你老公吃柠檬,你老公会以为你知道了某些事情的真相,瑟瑟发抖。

第三,重复。重复是增加暗示影响力的最基本方式,次数越多,作用越大。

比如:

睡前要上洗手间!

睡前要上洗手间!

睡前要上洗手间!

2.2 学会心理暗示，你想要喝奶茶，就能喝到奶茶

我们已经反复强调过，催眠其实就是强心理暗示。

举个例子：如何锁住对方的思想？

你和闺蜜逛街渴了，前面有一家咖啡厅和一家奶茶铺。你想喝奶茶，那么你就不能问"我们去喝咖啡还是喝奶茶啊"，而是应该说"我们去喝什么口味的奶茶啊"。

这点套路，相信大家都会，但理论你得了解一下。因为这就是心理暗示，这样的选择暗示，会锁住对方的思想，使其在你的提示里做选择，直接忽略喝咖啡这个选项。每个人都会受到心理暗示，受暗示性是人的心理特性，是人在漫长的进化过程中形成的一种无意识的自我保护习惯和一种无意识的学习能力。你的闺蜜就是在无意识状态下，快速接受你的提问，并进入到下一个环节，迅速做出判断的。

所以说人处于一种环境中时，无时无刻不被这一环境所同化。因为环境给他的心理暗示，让他在不知不觉中学习。

接下来，就是活学活用的时间了。

请问：此刻，在认真学习我们这些小知识的你，当你老公掉到

抖抖心理学　　　　　　　　　　　　　　　　　　075

河里去……

　　你是先吃苹果，还是先吃香蕉呢？

2.3 催眠技巧：
深呼吸，引导人听话的超级手段

要把人拉入一种催眠状态，一般刚开始，会这样：

请你……此刻……看着我的眼睛。

然后，深吸一口气，屏住呼吸，再慢慢吐出……

再吸，再屏住，再吐……

得了，要我来这套，我玩不来。那我们直接进入下一个环节，解析为什么在催眠开始时，需要引导你深呼吸。

用一个舒适的坐姿，闭上眼睛，或者盯着对方眼睛。然后，深呼吸6次，请注意，是6次。这样不仅可以使人平静下来，还会让人形成一种听话的模式。

来，我们感受一下，跟着我们的文字……

吸气，呼气。

……………

6次以后，你就产生了一种对我的指令进行照做的思维惯性。产生这种惯性后，催眠师进行催眠时，你就已经彻底放松了。当这个指令出现时，你针对他发出的指令进行照做的惯性还在，于是就会快速跟随他，进入这个指令引导的状态中去。

这就叫作外在 / 内在法。美国心理学家德怀特·贝尔最早发现，并将其用到催眠疗法中。另外，这个手段之所以效果好，还有一个原因，就是当你连续深呼吸 6 次之后，大脑因为摄入了过量的氧气，二氧化碳含量会下降。这会产生什么结果呢？会让你晕眩。也就是说，催眠师用上的套路，首先是把你搞晕。

2.4 洗脚城里

**居然隐藏着
深不可测的催眠术**

我看书杂,时不时看得自己满脑子问号。

看关于催眠治疗的书籍时,就看到了一个叫作指压按摩法的催眠方法。看到这个名词,我在知识海洋中遨游的格局瞬间被打破,感觉被带进了盲人按摩领域。

不过呢，心理学是一门舶来的学科，很多专业名词主要是看翻译者如何造词。所以，对"指压按摩法"这一名词，我虽然震惊，但还是怀着在知识面前足够虔诚的心态，继续往下看。

然后，就越发崩溃了。

这个方法首先要目标对象脱掉外套、鞋子、袜子，采取仰卧的姿势，双手放松置于身体两侧，腿还要微微分开。接着，催眠师会说："现在我要对你进行指压按摩，让你身体放松下来。"听到这儿，各位是不是和我一样感觉似曾相识？某天，你走进一家足浴中心，技师为你脱了外套，要你脱掉鞋子和袜子，四仰八叉仰卧在按摩椅上。接着技师说："大哥，接下来我就要给您放松放松了！"

各位，请你们和我共情一下，当我怀着一颗求知的心学习，书上却要我这样对我的目标对象时，我的心境是如何逐步分裂的。

问题是，这一切居然还只是开始，接下来第二步、第三步、第四步……书上一本正经地教我如何给人按脚底板、按脚踝、按小腿、按膝盖，一直要按到肚脐下三指宽的位置。这时，施术者就要对受术者说："放松下来吧！陷入深深的沉睡之中。"

这是催眠？

我是要学催眠疗法的，不是来洗浴中心当学徒的。

于是，我明白了一个道理：人生中的很多疑问，总是能在你不断学习的过程中有意或无意地找出答案。为什么我们只要去洗浴中心，就能睡着？原来在洗浴中心里，居然藏着实用心理学的技巧。所以说看似风平浪静的世界，到处隐藏着深不可测的催眠术。

我们身边的催眠术大坑

电话催眠术真的存在吗
自我催眠,假孕,心理暗示的可怕之处
打哈欠会传染居然是心理暗示
自证预言,强大的自我暗示
你们最后都被身心灵给带走了

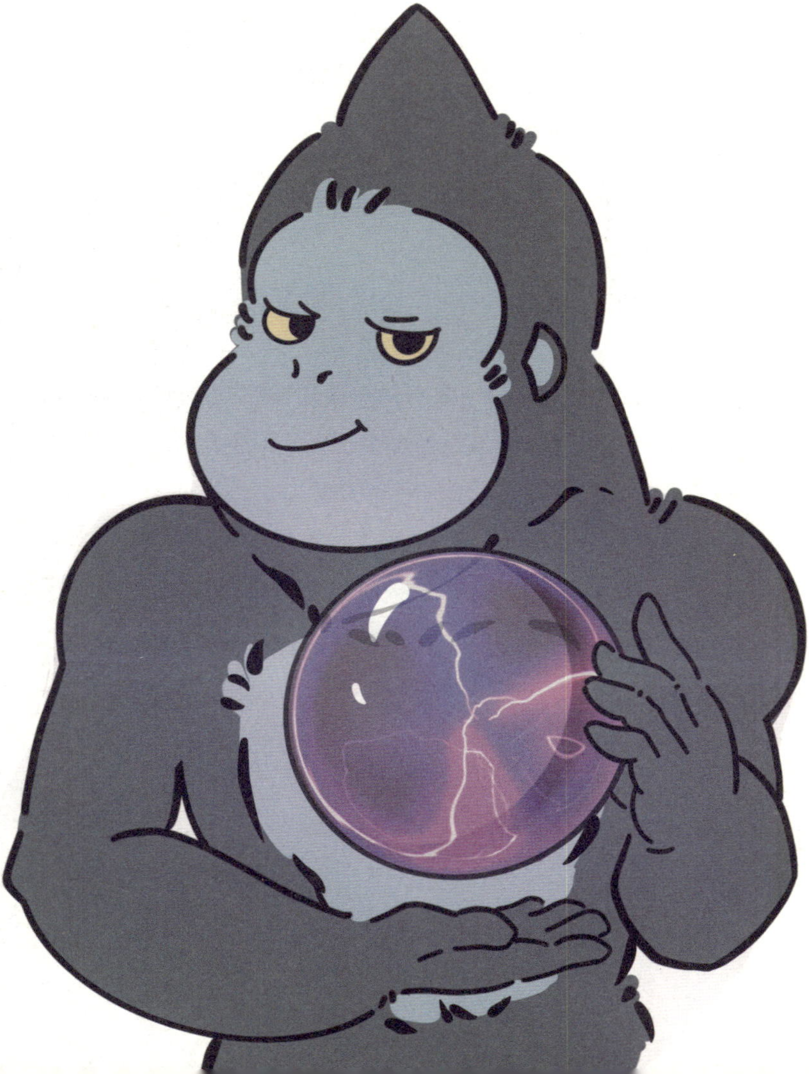

3.1 电话催眠术
真的存在吗

将一门知识学好，需要反复训练巩固。所以，我们必须不断强调：催眠，其实就是强心理暗示。

可一些被骗子骗了的人却不这么想。他们说自己被骗是遇到了"摸头杀""拍肩膀杀"以及"电话催眠术"。

得了，挨打了就要站好，别给对手脸上贴金。对方阵营的电话"催眠大师"，不过是认识话术本上面那几行字，用能够操控你思维走向的语言套路，引导你走入他们设好的圈套而已。

举个例子：对方在电话里为什么要费尽口舌重复相同的话？这就是非常典型的直接暗示。直接暗示，就是由多个人不停地重复一个中心思想。比如反复说你的银行卡出问题了。重复很多次以后，你就被"强行"相信了，很难跳出来用不同的角度思考问题。

那，你觉得这算是催眠术吗？

识别套路，远离电话忽悠。世界上没有那么多好事，也没有那么多坏事会找上你的。

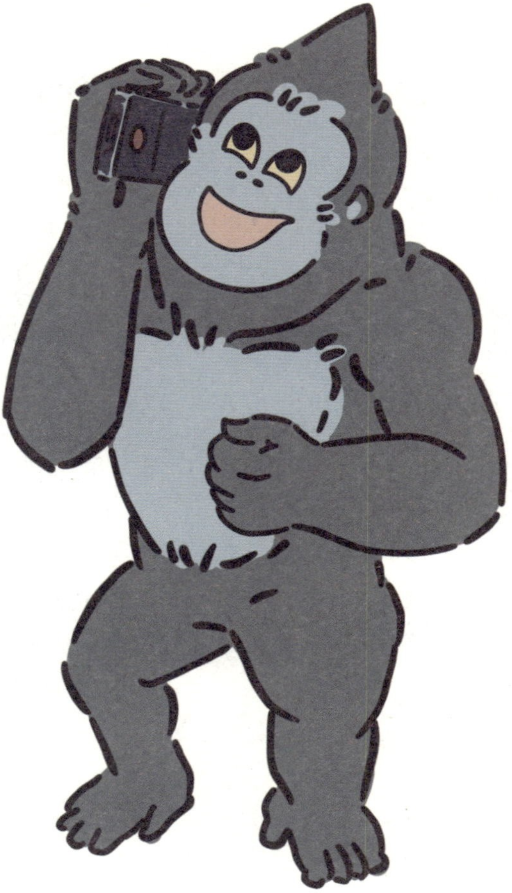

3.2 自我催眠，假孕，
心理暗示的可怕之处

心理暗示有多可怕呢？

说个不少女性都曾经历过的事。你特别想要一个孩子，时间越久，意愿会越强烈，渐渐便会演化成一种焦虑的心态。当你越来越焦虑，身体的指挥——大脑，就会接受你对于怀孕这种状态的需求。然后呢，下丘脑垂体就会调节自己对卵巢系统的正确指挥，使体内的孕激素提高，正常排卵受到了抑制。出现的结果，就是你的"大姨妈"不来了。

于是，这个信号会让你误以为自己真的有了宝宝。很快，你就会觉得厌食、恶心、想吐、犯困。所有感觉都指向了你想要的结果——怀孕了。

再然后，你叉着腰，挺着肚子去医院检查，医生说是假孕。

傻眼了吧？

所以啊，不管什么时候也不管什么事，都不能太过放大自己的主观感受，因为我们会为了自己想要的结果，给自己进行催眠。

凡事，我们得相信科学，不要靠感觉随意下结论。

3.3 打哈欠会传染

居然是心理暗示

人为什么会打哈欠呢？是因为你的大脑意识到需要补充氧气，便发出指令让人体通过打哈欠的深呼吸运动，快速增加氧气摄入，并排出更多的二氧化碳，从而使人精力充沛。

比如你去健身，刚折腾几下就会打哈欠，这就是大脑在高强度运动后，意识到自己的氧气摄入不足，指挥你打哈欠深呼吸，快速补充氧气。另外，大脑疲劳时也会发出打哈欠的指令，提醒你该睡觉了，脑细胞已经撑不住了，需要靠打哈欠吸氧和排出二氧化碳。

那么问题来了：打哈欠既然是我们个体的事情，为什么看到别人打哈欠，我们也会情不自禁地跟着打哈欠呢？这就是一种心理暗示。有时候，我们的大脑有点像"二愣子"，如果你看到或听到房间里有人打哈欠，视觉或听觉就会产生反应。这一反应刺激到大脑皮层，大脑皮层就会觉得这个房间氧气不够，有人缺氧，我们是不是也要赶紧补充些氧气呢？

于是，它连忙发出指令，让你也跟着打哈欠。这种现象在心理学领域叫作马纳姆效应。什么是马纳姆效应呢？我们不说得那么高

深，直白点，就是一种从众心态。有人打哈欠了，大脑指挥你跟着去起哄，就这么简单。

　　有趣的是，会跟着你起哄打哈欠的，不只是你身边的人。你留意过吗，当你打哈欠时，趴在墙角的大肥猫，躺在你脚边的小狗，它们也会产生从众心理，很不情愿地打起哈欠来。它们的小脑袋居然也会发出指令，要跟你抢氧气。

3.4 自证预言，
强大的自我暗示

你不想上班了。

某天你在办公室"摸鱼"的时候，脑海中突然蹦出一个念头——上什么班啊！我要出去乞讨。

然后呢，你就开始分析，觉得自己压根儿就不适合上班，因为你不会讨好领导也不会迎合同事，甚至因为你脸大。

然后你又觉得自己有一堆才艺，能剥糖纸、对斗鸡眼、吞剑、喷火、玩蛇……太适合乞讨了。

这就说明，你的心底已经有了一个大概会实现的计划。在心理学里，这就叫自证预言，也叫自我应验预言。简而言之，就是你内心的想法会影响你的行为。提出这个概念的是美国社会学家罗伯特·金·莫顿。他认为自证预言是一种能够唤起新的行为的预言，该行为使得原本虚假的猜想得以成为现实。说明人并非被动地接受环境影响，而是主动根据个人的期望，产生有相对性的思想及行为反应。所以说，心理暗示并不是全部来自别人，很多时候，都是遵循你自己潜意识的选择。

所以，还上什么班啊？

走，找个志同道合的小伙伴，出去创业！
失败了也没事，大不了，真去乞讨！

3.5 你们最后都被身心灵给带走了

身心灵是心理学、辅导学、社会工作中一个常用的概念。

"身"指身体,注意观察身边喜欢健身、练瑜伽的人,发自拍都喜欢展示身体状态,这就是身心灵里"身"的那一批人。

"心"即心灵,就是那些张口闭口说"鸡汤"、喜欢研究心理、搞情绪管理的那一批人。

最后,就是身心灵里的"灵"。穿一条麻布裙子,胸前挂着花花绿绿的项链,一和人聊天就聊到宇宙,意念里住着"灭霸"(电影《复仇者联盟》中的人物)。这样的一批人,就是研究"精神力量"的。

实际上我们可以简化来说,身心灵对应的就是:自己与自己,比如操练自己的肉身;自己与他人,比如研究各自的心理;自己与社会,比如精神革命、宇宙大爆炸。

再敲黑板,身心灵:身,自己与自己;心,自己与他人;灵,自己与社会。

身心灵的概念最早源于美国。20世纪60年代,美国新时代运动兴起,人们大胆地将不同文化中的精华部分融合在一起,形成新的文化。身心灵,就是典型地结合了东西方文化传统,尤其是在东方

哲学中汲取灵感而形成的产物。直到引入中国,人们才发现,一些传统的文化,如博大精深的中医理论,和身心灵居然是一脉相承的。至于这几年的生活禅与修行,更是让人乐在其中。

第 3 章
从九型人格到性格形态学

九型人格

掌握九型人格有什么用
九型人格测试到底准不准
性格类测试为什么那么准

是什么

1.1 掌握九型人格
有什么用

九型人格是一种精妙的性格分析工具。与其他性格分类法不同,九型人格聚焦在价值观和注意力上,并且不受外在行为的变化影响。

九型人格最大的好处,就是让你能分辨出某些人值不值得交往,避开"猪队友"。

比如挑选同伴去西藏旅游时,不同人格的人会有不同的特点。完美型人格的人会列几万字的攻略,不按攻略走甚至会和你拼命。

助人型人格的人,如果大巴坏了一定最积极下去推车。

成就型人格的人,听到旅游会非常激动,甚至会迫不及待地跟你说"要不咱俩从成都磕长头去拉萨吧"。

浪漫的自我型人格的人呢?反正是去不成的,他们会不停地谋划构思旅行攻略。

理智型人格的人就非常厉害,典型的"学神文具多",估计地图都要带五六幅。

忠诚型人格的人,可能在临出门时跟你讲"要不我们还是去看海吧"。

如果同伴是活跃的享乐主义型人格，会建议你们一起骑行去西藏，只不过是你来骑，他们坐在后面。

领袖型人格的人会做PPT给你"画饼"，把去西藏这件事情变得和登月似的。

和平型人格的人，还好了，这将是一场平淡无奇的旅行。

那么，到底和哪一种人格的同伴去旅行最好呢？

还用问吗？自然是和长得最好看的那一个！

1.2 九型人格测试

到底准不准

九型人格到底准不准?

其实就算在心理学界,也有人质疑过九型人格,不认同把世界上几十亿人就简单分为九种,又不是麻辣火锅里的九宫格。有怀疑

很正常，我们懂的不多，不敢妄加评判。只不过九型人格的知识体系扩展开是3645种动态的可检测的性格状态，这就很厉害了。

举个例子，进行一次九型人格的测试，其实就像去拍照片，采集到的是你在那一个瞬间的定格画面。那一刹那，你可以在镜头里哭、笑、动、静，可以扮演成你想让人接受的任何模样。但实际上，这个瞬间是你吗？

是你，所有的瞬间都是你！

所以说，每次结果都准确，但又都只是准确的一部分。

九型人格本名为性格形态学，就是把性格模式当成一个动态的放电影的过程，最终这些照片构建成的电影，才是真实的你。所以说，想仅通过做一次九型人格测试就知道自己的性格是不可能的。科学的方法应该是一年做365次，中和出来的分析结果才勉强沾得上一点边儿。

1.3 性格类测试
为什么那么准

为什么诸如星座、属相、人格分类……这些概括性的测试，能让大家觉得这么准？其实这就是心理学里非常有名的巴纳姆效应，又称星相效应。

大家以为提出这个效应的人就是巴纳姆吧？不，这是1948年由心理学家伯特伦·福勒通过实验证明的一种心理学现象，说的是人们常常认为一种笼统的、一般性的人格描述，能够十分准确地揭示自己的特点。当人们用一些普通、含糊不清、广泛的形容词来描绘一个人的时候，往往很容易就被对方接受，并认为所说的就是自己。

这么说有点生硬，我们再来举个例子：某星座学说的分析结果说你性格多变，身体里好像住着两个截然不同的人格。你一寻思，觉得还真是这么回事。身体里有两个自己，一个每天都想吃大肥肉，另一个却总是控制自己的食欲。然后你不禁感叹：说得真准啊！我就是超想吃大肥肉，多亏了身体里那另一个我在制止我。

你想多了，和你一样，每个看到这段分析的人都会出现这种想法。这就是巴纳姆效应。

另一位心理学家保罗·米尔后来以一个叫菲尼亚斯·泰勒·巴纳姆的马戏团艺人的名字，为这个效应命了名。最早证明这一效应的伯特伦·福勒估计有点郁闷。

巴纳姆效应也算是诠释了为什么很多人在算命过后，都认为对方算得很准。因为去寻求占卜来帮助自己的人，本身就有易受暗示的特点。而事实上算命先生对每个人说的都是差不多的内容，都是一些笼统的、一般性的概括和描绘而已。

给你这么说了，给她这么说了，给我可能也是这么说的。

这是个坑，别吹牛说你就是
揪出人类史上最典型的一位完美型人格
择偶建议：完美型人格适不适合做伴侣

完美型人格

2.1 这是个坑，
别吹牛说你就是

九型人格分别是：完美型、助人型、成就型、自我型、理智型、忠诚型、活跃型、领袖型、和平型。大家都喜欢把自己往里套，都喜欢说自己是完美型或者领袖型。

我以前也特别傻，琢磨着我莫非就是完美型人格的代表。因为我的计划性特别强，如果做事不做计划、不按计划推进，毋宁死。还有，我做事严谨细致、精益求精、追求完美，同时高度自律与他律，做事有条理、有目标，在事业上特别踏实。

这样定义自己之后，觉得特别感动，完美型人格可太酷了，是吧？

完美型人格的缺点都有啥？不善创新？我每天换的衬衣配色就能证明我是个多么喜欢创新的人啊！办事效率低？苛刻、挑剔、支配欲强？我都没有。最关键的一点是，完美型人格的人还死板严肃，和我的性格完全不符，我给自己定义的人设是幽默。

所以，我不是完美型人格，各位谁自认为是，谁就往自己身上套吧！

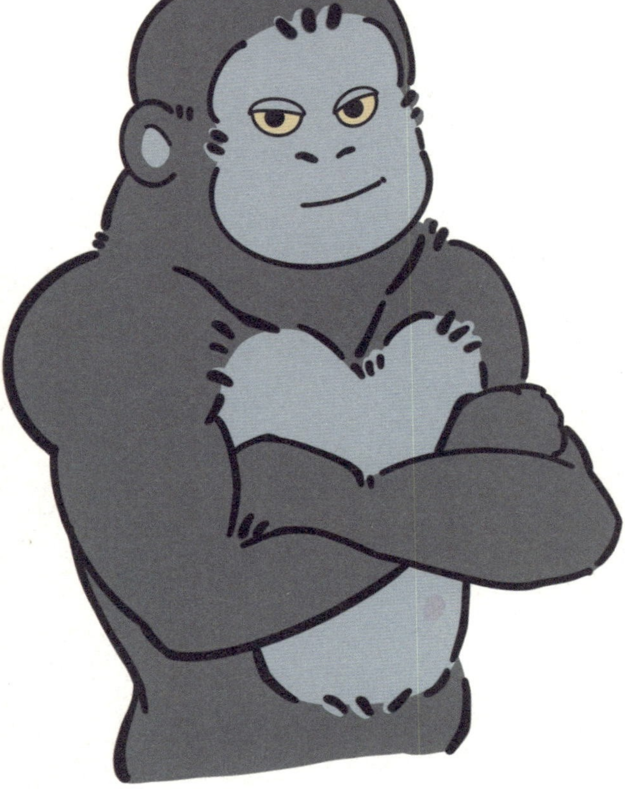

2.2 揪出人类史上最典型的一位完美型人格

历史上哪些人是完美型人格？我们得揪出一位大家耳熟能详的代表性人物来举例，才能让你在这几百字的阅读里，充分理解完美型人格的特点。

谁呢？

唐僧！

来，我们看他的性格特点——严肃、得体、礼貌、内向，都符合吧？

对自己要求严格，对别人也要求严格——唐僧把加给自己的戒律强加给徒弟，这不是又符合吗？

接着说完美型人格在生活中的小细节，如穿衣服很讲究。又中了：唐僧出去"徒步"，那么远的距离，大红袍子加金丝边，一路上都干净整洁。再举个例子，完美型人格出门旅游准备非常充分——你们看沙僧挑那么多东西。他们师兄弟仨是妖怪，出门穿了衣服就已经算是往前一小步，文明一大步了。那挑的都会是谁的东西呢？不都是唐僧的吗？

所以，如果有人问你什么人是完美型人格，你直接说唐僧就可以了。尤其让人觉得啼笑皆非的是，不但唐僧是，那些捆了他的妖怪也都是。吃个肉还都装高雅，不愿意生吃，都挺有仪式感的。若非如此，唐僧还没出玉门关就没了！

2.3 择偶建议：
完美型人格适不适合做伴侣

找个完美型人格的人做老公，会是一种什么体验呢？

首先，是崩溃；接着，还是崩溃；最后，极度崩溃。

当然，世界上什么人都有，如果你给自己的定位是"柔软的棉花糖"，别人怎么捏你就成什么形状，那么找个完美型人格的伴侣也可以。因为他们会从言谈举止到吃穿住行都给你全方位的指导说教。但他们的本意绝不是挑刺，而是因为他们对每一件事都有自己定义的尽善尽美，所以无论对自己还是对另一半，都有着高标准、严要求。

最终，他们这些性格特点，在感情上导致的结果是——原本放松且温暖的二人世界，因为有了他，一切都不一样了。你下班回家后的生活，就像是在做另一份规章制度更多的工作。崩溃吗？不过也有好处。完美型人格爱家顾家，跟他们组成家庭，他们的责任心会让你安全感满满。而他们勇于承担的样子，会让你觉得超级酷！

还有一个名字——讨好型人格
如何改变你的讨好性格
助人型人格适合做什么工作

助人型人格

3.1 还有一个名字
——讨好型人格

我们现在流行说讨好型人格,而讨好型人格基本上就是指九型人格里的二号——助人型人格。

助人型人格的特点是啥?追求服侍。不就是喜欢讨好别人吗?为什么会讨好别人?深究他们的动机,便能挖出他们的深层恐惧:怕没人喜欢没人爱,并渴望被人喜欢与被人爱。

所以啊,他们真实的想法就是"我若不帮助人,不去迎合讨好别人,大家就不会喜欢我"。好了,现在就是对号入座时间。助人型人格的5个特点,看看你中招几个?

1. 不敢说出自己内心的想法,憋着,憋到胸闷。

2. 与人出现矛盾,出现问题主动道歉。

3. 没有需求,对什么都随便,满桌的菜都没有他特别喜欢的,永远都只是那个埋头吃米饭的人。

4. 不懂拒绝,这个问题尤其出现在被人借钱的时候,完全不知道如何说"不"。当然,就算没钱借,最后也很内疚,觉得对方会怪罪自己。

5. 没有自己的原则。这一点很奇怪,助人型人格的人们时不时就会为了迁就别人而打破自己的底线与原则。他们特别喜欢对自己说"我是一个有原则的人"。没错,你是有原则,你的原则都是建立在迎合别人的基础上。

好了,5种特点,你中了几个呢?3个以上,那你就活得挺累了。

必须为自己而活。为他人活着,辛苦死了。

3.2 如何改变
你的讨好性格

助人型人格，顾名思义，就是喜欢帮忙，非常主动地帮忙。路上遇到大货车翻车了，几十个人一溜小跑过去喊口号帮忙的，大都是助人型人格的人。

这类人对别人的需求很敏锐，很多时候总是忽略了自己的感受，满足别人的需求比满足自己的需求更重要，很少向他人提出请求。所以这一类人活得特别辛苦特别累。

那么，这种迎合到底好不好呢？站在一个普世的角度来说，自然是好的，助人型人格的人多了，世界才能成为更有爱的世界。但是，作为个体而言，我还是希望助人型人格的人们不要太过讨好别人，那么如何纠正自己的讨好型人格呢？

首先，不要过分放大别人对自己的评价。比如你发一条朋友圈，收到别人的点赞或评论时，是不是会小心翼翼地思考对方到底怎么想的？怕惹别人不高兴，这是个坏毛病，得改。

其次，要学会拒绝。拒绝了就拒绝了，不要对他人的情绪怀有愧疚的心理，你又不是他父母，犯不着。

最后，要记住一个关键点——愧疚是一种负能量！

敲黑板了：愧疚是负能量！负能量！负能量！

而任性，却是一种被低估的美德。

学会任性吧，为自己而活，你会找到真正属于你的星辰大海，而不是为身边狭小圈子里那一小撮人而活。

3.3 助人型人格
适合做什么工作

二号助人型人格最擅长的是什么？察觉别人的需要。

因为，他们的思维方式是以情感为导向，始终把关注的重心放在别人身上，共情能力超强。所以这类人天生就能用热情和亲和力赢得别人的好感。他们的体贴细心，能轻而易举俘获一群人。

所以，不用问了。首先，在服务行业里，他们如鱼得水。

接下来说第二种适合他们的工作。因为他们在与人相处时，总能敏锐地察觉对方的言外之意，察觉到对方聊什么话题会心情舒畅，聊什么话题会厌烦。并且，这类人还能迅速找到最让人舒服的方式与对方交流。所以啊，一些需要与人沟通的工作，比如教师、咨询师、秘书、人事等，也是他们的强势领域。

再接下来，就是二号助人型人格的高光时刻。他们最令人惊叹的地方就是，能根据不同人的喜好来做准备工作，并能够满足每个人的需求。比如一群熟悉的朋友去吃饭，有位二号助人型人格的姑娘在，谁点菜还用问吗？她啊！在之前的交往中，早就不自觉地记下了每个人的喜好。比如张三吃麻，李四吃辣，王二麻子吃得烫。最后，当她点了一锅麻辣烫后，大家都很开心。

所以，二号助人型人格最适合的工作就是团队的大管家，专门负责——给大家点菜！

只是一种性格，不是一种结果
成就型人格代表：曹操
成就型人格适合做什么工作

成就型人格

4.1 只是一种性格，
不是一种结果

现在我们来说三号——成就型人格。这名词一出来就很唬人。"成就"在我们汉语里一般都是指一个结果。可实际上，在这里它是英语单词 achiever（成就者）的直译。所以，并不是说成就型人格的人就一定有成就。

不过呢，具备这一人格的人，事业上也大概会有些成就。因为他们精力充沛，勇于实践，好胜心强，喜欢接受挑战，会把自己的价值与成就连成一线。他们能够集中精力追求一个目标，因为他们相信"天下没有不可能的事"。

厉害吧？

那就再说缺点：成就型人格的人爱出风头，需要被表扬和赞美。缺乏感情，把工作看得比较重。他们为了达到目标，或多或少有点没原则。也就是为了目的，可以不择手段。越是这样，在无法达成目标时，就会越烦躁郁闷。也就是说他们其实害怕失败，不能坦然面对自己的失败，失败后往往会变得一蹶不振。

《道德经》里的"刚者易折，锐者易钝"，说的不就正是这些人吗？

4.2 成就型人格代表:
曹操

成就型人格的人，是目标清晰的实干者，精力充沛，特别能折腾。

《三国演义》里的曹操，不正是这样的人吗?

大家看他外向主动，善于交际。当巨头之前，搁在哪个环境里，都和顶级圈子的人混在一起。他和袁绍等人是发小儿,经常打架搞事。长大了点,又和王司徒大人混到一起。兄弟们一起打董卓时,他是一方诸侯。就在刘关张还只是小蚂蚁时,他就看出了人家是潜力股,跑去和人家套近乎。书上说,成就型人格的人适合去做销售。可惜了,曹操不卖保险,否则他手里的都是大客户啊。

我们再看他,有明确目标,为了目标不择手段,适应能力强,就像一只变色龙。曹操不管在哪个时期,都是积极进取的。反正我是挺喜欢曹操的,是他的粉丝。

不过,有人又会说,你怎么喜欢一个反派?我们看历史得看正史,不能只看演义。在正史里,成就型人格的曹操用他的真实经历诠释了什么是真正的"开局一光棍,开天又辟地"!

4.3 成就型人格

适合做什么工作

成就型人格从小就有学霸的迹象,中学阶段就能做上班干部,大学时期也会是活跃分子。到他们走进社会,目标和动机对于他们来说是极其重要的。一旦缺少追求的目标,他们就会崩溃。

那么这群工作狂适合干些啥工作呢?

第一类,不用问了,这种人不做销售就是浪费。

第二类,教育培训、主持人等。成就型人格有激情,表演力强,天生适合站在人前,热情饱满。给他们一个舞台,他们就可以用实力让你刮目相看。

第三类,画家、作家、艺术创作者、演员等艺术类的工作。因为他们追求极致和超越,不断努力达成目标并订立更高的目标,精益求精。

不过,我们最后还得重申一次,成就型人格的人一旦遭遇挫折,就很容易滑入低谷,产生心理问题。这点,在我们对表现出这种特质的孩子进行教育时,一定要留心。

戏精本精，浪漫人格的优缺点
自我型人格代表：美美的林黛玉
测一测，你是不是浪漫型人格

自我型人格

5.1 戏精本精，
浪漫人格的优缺点

浪漫型人格，也就是九型人格里的第四号自我型人格。他们有什么特点呢？

第一，都很瘦。为什么瘦呢？当然是想得多，整天都在脑子里上演偶像剧。开个玩笑。不过自我型人格的人还真的难长胖，也真是因为想得多。他们不甘平庸，追求独特；忠于真我，感情细腻敏感，浪漫悲情；富有创意，追求理想主义。同时，他们喜欢坚持自己的一些独特性，一不小心就会变成悲情的浪漫主义者，在情绪的深度体验中享受孤独。

自我型人格的人还会为人世间的事感到悲伤快乐，操的心可多了，分裂得不行。所以，自我型又被称为浪漫型、独特型、感觉型。

而这些特点也造就了他们最大的性格缺陷：嫉妒。如果说所有的性格特点里，要选一种我最害怕的，那一定就是嫉妒。自我型人格的人对周围比他们优秀的人所产生的嫉妒心理，不一定会呈现出来，但他们会在脑海中想象出一天能播放80集的电视剧，情节会可怕到吓死你。

5.2 自我型人格代表:
美美的林黛玉

要让大家对九型人格里的某一种人格形成具体的印象，最好的办法还是拉出一位大家耳熟能详的人物来。

那么，四号自我型人格的代表是谁呢？林黛玉！

大家看她，敏感、悟性高、具备诗人气质。四号人格还有个名字就是艺术型人格，所以林妹妹的诗写得都很不错，尽管都是哀伤的诗。

自我型人格的人高兴的时候也会高兴，更多的时候都是在顾影自怜。他们情绪化就是这么严重。这浪漫、感性的特点，不正是林黛玉吗？

最后，就是给自己加戏，也就是热爱幻想。黛玉焚诗那一幕多么唯美啊！其实就是她在享受无人能感受的那份悲伤难过。这里必须提个醒，不能随便焚诗。

烧纸烟大，熏眼睛。

5.3 测一测,你是不是浪漫型人格

浪漫型人格,就是我们平时说的自我型。下面让我们来测一测你是不是浪漫型人格。以下 8 种特点,请你在第一时间给自己归类,得出一个未经思考的结果。

1. 追求个性,总想要与众不同;
2. 总是放大自己对人或事的感觉;
3. 敏感,容易接受暗示;
4. 情绪化到极致,如享受悲伤;
5. 不喜欢争论,选择退缩;
6. 对新事物感兴趣,但更倾向于怀旧;
7. 非常不喜欢被约束的感觉;
8. 很自我,有强烈的占有欲。

好了,你有几种呢?

4 种以上,算是比较自我。全中的话,就是妥妥的自我型人格。他们最大的特点就是觉得自己与众不同。殊不知世界大

同，都是人罢了，难不成就你一个人是仅存的尼安德特人或者匠人？

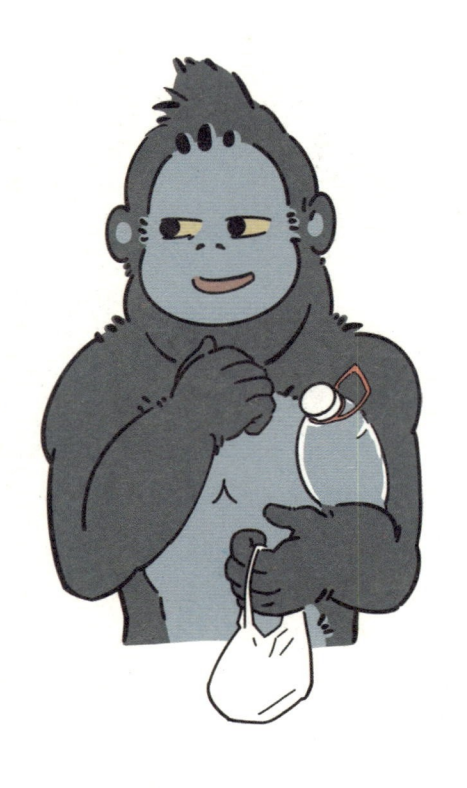

社交中的"战五渣"
理智型人格是个啥模样

理智型人格

6.1 社交中的"战五渣"

九型人格风行学术界及工商界。全球500强企业的HR（人力资源管理，又称人事）都开始专门研习九型性格，并以此培训员工，提高执行力。

所以现在不懂点九型人格，出去和人聊天容易显得和社会脱节。那么九型人格中，真正与社会脱节的又是哪种呢？

不用问了，五号理智型人格华丽登场。他们是九型人格中最让人看不懂的一群人：善于学习和研究，善于理性分析；他们脑袋瓜里的思想都是有格式的，吸收进去的知识自动成为一个系统。

没错，五号人格的人啊，智商都挺高。今天我们就顺便科普一下这群智商高的人的具体特点。

因为智商高，所以这类人能洞悉很多事情的关键所在。比如你找班上的学霸请教一道题，学霸给你讲解一通过后，你还是有很多地方不理解，这时你便觉得他有些不耐烦，认为他并不愿意帮助你。

实际上并非如此，在学霸的脑海中A点到B点是顺理成章的概念，所以他给你讲题时，就不会专门给你解释为什么A点后面是B点。你觉得他不耐烦，其实是他在郁闷：自己讲得非常清楚了，可你为什么还不明白呢？

所以五号理智型人格的人在社交中就会表现得特别不善交际。不是因为他们恃才傲物，而是因为他们对本质的洞悉太过通透。

那么没有了弯弯绕绕的他们，其他特点也就呼之欲出了：崇尚简约，不修边幅，不正是因为他们觉得那些虚华的事物没有意义吗？所以说，我们平时认为理智型人格的人吝啬、冷漠、孤僻、高傲，其实是冤枉了他们。他们只是比普通人更深刻地洞悉了事实而已。

6.2 理智型人格

是个啥模样

　　五号理智型人格的人智商很高，想问题也想得清楚，而这种特点导致的后果往往是他们在社交上显得格格不入。

　　好，今天就来好好掰扯掰扯理智型人格的特点。首先，理智型人格的人都善于思考，用脑比较多，所以体形也偏瘦。通常都比较木讷，也就是表情比较少。因为他们思路比较清晰，所以总觉得虚华的东西不重要。他们衣着一般都挺朴素，并不在意打扮。

　　这类人说话也比较直接，不喜欢拐弯抹角。他们会习惯说："我觉得""我认为""我的看法是……""我的意见是……"所以，在我说五号理智型人格的这些特点的同时，大家有没有联想到之前看到的那个新晋网红——提着几个馒头和一大瓶子矿泉水的北大数学系韦神呢？没错，那就是一个典型的五号理智型人格的代表，不苟言笑，穿得朴素简单，不拘小节，吃得也很简单。

　　所以说，五号理智型人格随便拎出来一个，都是神人。而且，他们还不同于其他人格类型，其他的人格我们还可以打肿脸去装一装样子，但是五号理智型人格装都没办法装，因为人家靠的是硬实力。

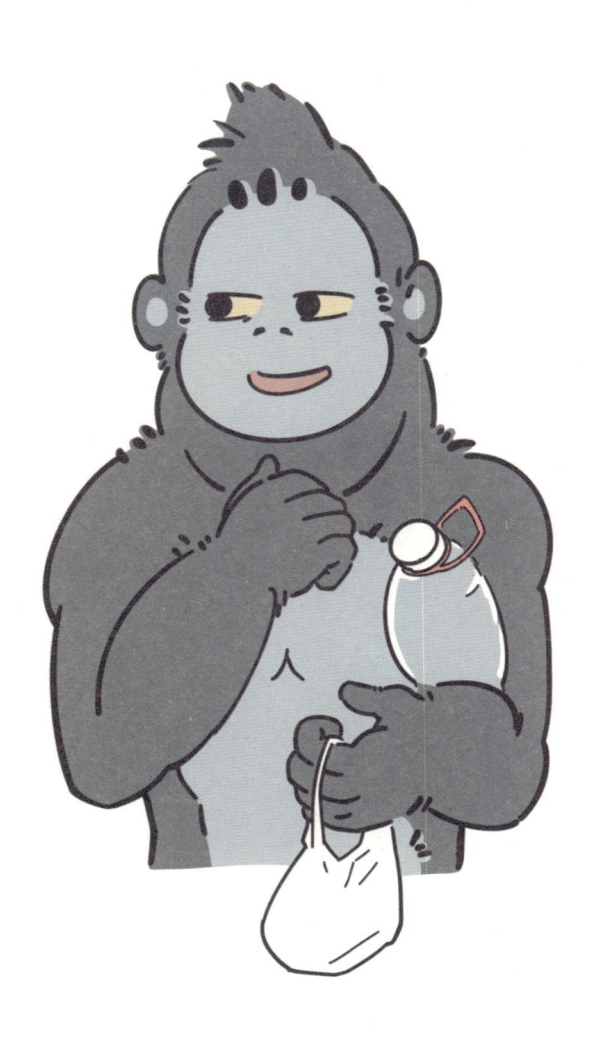

忠诚型人格,其实并不忠诚
忠诚型人格代表:吕布
正六和反六,极致的两面

忠诚型人格

7.1 忠诚型人格，
其实并不忠诚

我们总喜欢给九型人格里的每一种人格取名，比如六号叫忠诚型。这是因为我们那习惯偷懒的大脑，总是希望让复杂的事物变得简单。

比如张三是好人，李四是坏人。至于王五，是一个干了些坏事的好人。那么忠诚型人格的人，到底是好人还是坏人呢？

虽然六号人格被称为loyalist（忠诚者），单词的直译也是忠诚，实际上，他们压根儿就不忠诚。他们的忠诚，是源于对安全感的需求。一旦他所忠诚的那个权威令他产生怀疑，他会立刻跳出来反驳、挖苦。

所以，有人说九型人格里最可怕的人格是忠诚型人格是有原因的。

看看他们的缺点：

1. 想得多，做得少。

2. 工作三分钟热度，无法善始善终。

3. 喜欢怀疑他人的动机，尤其是权威人士的动机。而且还用自己不成熟的价值观去揣测世界。

4. 最重要的是，他们对强大的领导者会表现出忠诚和责任。

一席话说下来，有没有感觉忠诚型人格的人只是挂了"忠诚"的头衔，骨子里压根儿就是个反叛者呢？我们对待人和事必须两面看，这类人总是质疑权威的同时，又渴望得到权威的指引。在一个真正好的领导的带领下，他们就像换了个人，踏实、认真、尽忠职守、遵守纪律、温和善良。

所以说，忠诚型人格是九型人格里最矛盾的一群人，征服他们，他们比谁都靠谱。反之，他们压根儿就懒得理睬你。

7.2 忠诚型人格代表：吕布

《三国演义》里面有个被人骂三姓家奴的猛将，叫吕布。

这吕布呢，高大威猛，武力值爆表。再加上《三国演义》里本来就没有感情戏，唯一挨得上边的，就是吕布和貂蝉那点事。所以，在一众少女少妇心目中，他就是帅、酷等形容的化身。

实际上呢，在冷兵器时代打架厉害的，都要有一个非常靠谱的体重，腰要粗壮，所以真实的吕布长什么样子，此处就不展开叙述了，毕竟我们是心理学科普。

六号人格叫忠诚型，并不是说他是一个忠诚的人。只不过，他的欲望特质是追求忠诚。那么，他们追求对什么人的忠诚呢？权威，也就是各个时期他所认为的权威。

吕布姓吕，亲爹自然就姓吕。被他爹养得又高又大后，跟了丁原。吕布喜欢认人做干爹，跟着丁原就认了丁原做干爹。后来跟丁原入世，发现世界上厉害的人实在太多，当时最厉害的自然就是董卓了。于是，忠诚型人格的逆反性子就上来了，他杀了丁原，跟着董卓，又认了董卓做干爹。

所以说，忠诚型人格的人，就不能跟他认为权威的人走得近，只要近了,脑子里就会有很多乱七八糟的想法。董卓很喜欢吕布,天天带在身边。任何完美的东西凑近看都容易看到瑕疵,时间长了,在吕布的眼里董卓慢慢变得不再那么厉害。当然,戏说的历史里加了貂蝉这条感情线,实际上依旧只是忠诚型人格骨子里对权威的逆反特质作祟而已。

当没领导可跟了,吕布身上忠诚型人格的其他特点就开始显现出来。他们需要权威人士来指引自己,告诉他们什么事能做,什么事不能做。一旦权威崩塌,没人可以当他的灯塔了,他就会变得多疑,不轻易相信别人。最终,吕布就被人杀掉了。所以说能力强的忠诚型人格的人,还是不要想太多。因为这类人的习惯性思维就是质疑权威、质疑领导。实际上,做一个简单纯粹的人,反而可以过得更好。多把重点放到生活中来,别拘泥于那所谓的能给予你安全感的权威身上。那么你就会和你的"貂蝉"过得幸福美满。

7.3 正六和反六，极致的两面

六号忠诚型人格的人有个特点，书上说得很是奇幻。

比如书上说遇见大怪兽，他们就会有两种应对方式，一种是投入战斗，一种是扭头逃跑。这不是废话吗？战或逃本来就是我们面对危险时瞬间就会做出的选择嘛！难不成还有第三种选择——躺平，说在下是大自然馈赠给您的礼物？

那么，为什么会有这样的解读呢？

因为六号忠诚型人格，分正六和反六。正六又叫恐惧六，典型的防御型，而反六则是有勇有谋还有执行力的六号。

这里划重点了，正六和反六不是说忠诚型人格的人分成这两个小团伙，而是在任何一个六号身上，都会存在防御和攻击这两种模式，就看他的哪一面能够培养得更强大。大家听到这里，一定满脑子问号，为什么忠诚型的人会如此分裂呢？之前我们说过，他们对于安全感的需求比较强烈，这就叫动机，心理学里用得最多的一个词。正六和反六只不过是他们两种截然相反的应对行为方式，但动机都一样——寻求安全感。

不过呢，虽然大部分六号身体里都存在这两面，但总有一面是他所选择并放纵得强势的。如果一个六号身上,这两个比例差不多,防御和攻击就会交替出现。书上说了,这种六号就是左手拿刀,右手拿盾。当时看到这儿,我思想立马开了小差,左手拿刀,右手拿盾,那不就是盾牌兵吗?然后我们在学习知识的问题上,得举一反三。所以,盾牌兵克制弓箭兵,最怕大锤兵。也就是说,面对忠诚型人格的人,不要试图用冷箭去打败他,他有盾牌呢。强大的实力,才是碾压他并让他成为你"铁粉"的关键。

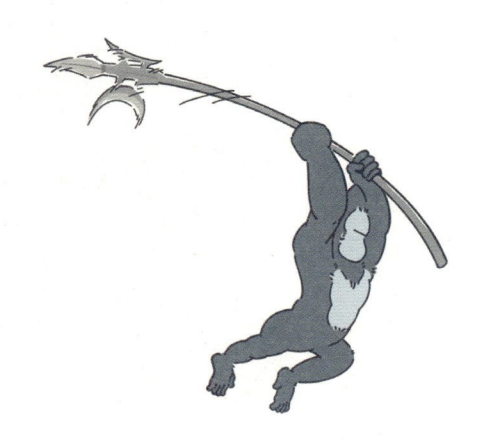

享乐主义者的自我修养
活跃型人格，脑子里装的啥
找个活跃型姑娘做媳妇是什么体验
有时候觉得，七号人格遇到的问题，是我们所有人的问题

活跃型人格

8.1 享乐主义者的
自我修养

　　七号活跃型人格，典型的享乐主义者。坐在办公室里上班，连续坐上两天，就会自我爆炸。坐到第三天脑海里就会有一个声音——不行了，我要买张机票出去玩！

　　结果呢？上不好班。这就是活跃型人格的通病，不适合坐班。

　　遇到这种情况怎么办？

　　你一探头，看到办公室里那个活跃型人格的同事露出实在憋得不行的表情，就快点安排他出差，就算出去乞讨，他也会很高兴，屁颠屁颠地拿着碗就走了。

　　这是因为他们的天赋——内心永远住着一个年轻人。年轻人的特点就是闲不住，对新鲜与新奇的事物无比着迷。

　　所以，为了保持这份健康和活力，他们会经常光顾健身房和运动场。

　　年轻人嘛，精力充沛啊！

　　他们还是理想主义者，有自己的坚持与追求。

　　他们是美食和美酒的拥护者。也真让人羡慕啊！这是我们都想要的人生啊！

那他们的缺点呢？因为对简单纯粹和愉悦的疯狂追求，他们忽略了深层次的体验。这就是肤浅吗？我可没说。追求愉悦，本就是我们的天性。至于令我们不断往前的那些深层次的思想，让其他人去研究吧，活跃型人格，活在当下！

8.2 活跃型人格，
脑子里装的啥

七号活跃型人格,标准的外向型人格。

很多人都爱装酷,以为不说话就是酷。可内心是什么样子,只有我们自己知道。现在我们就来检测一下,你到底是酷酷的,还是内心深处一团火焰的活跃型人格。

七号活跃型人格性格分析:

1. 高度兴奋,能同时参与多项活动,忙得不可开交却十分享受。
2. 准备多种备选方案,也就是喜欢脚踏几条船。
3. 用外向的方式经营工作和生活,比如疯狂开会反而更加激动。
4. 会回避与他人发生直接冲突,甚至压根儿不冲突。
5. 天真率直、精力分散、易走极端。
6. 多才多艺,文能提笔安天下,武能上马定江山。
7. 崇尚自由,追求兴趣爱好和享受。
8. 遇到令他不舒适或枯燥的人和事,毫不犹豫地离开。

以上8条,你中了几条呢? 4条以上的话,那就说明你并没有装出来的那么酷。8条全中,恭喜你,你就是我们常说的"人来疯"!

8.3 找个活跃型姑娘做媳妇

是什么体验

七号活跃型人格，这一类型的人问题是什么呢？需要不断折腾。他们渴望充满刺激、冒险的生活，还喜欢那种需要做多个选择的社交活动。很多时候，我们不能给某些人打标签，因为打标签会令我们产生成见。但我们必须知道，因为无法适应重复与枯燥，七号活跃型人格的人难以与一个古板的人、与一段一成不变的生活达成长久相处的协议。所以，如果你爱上了一位活跃型人格的姑娘，选择了与她相伴一生，那么，你得让自己也和她一样，始终保持一颗年轻的心，经常去跑步、游泳、爬山、骑马、滑雪、潜水、蹦极、玩降落伞、滑翔伞等，一起疯狂折腾，陪她实践追求的那四个字：活在当下。

8.4 有时候觉得，七号人格遇到的问题，是我们所有人的问题

七号人格，活跃型。

他们会说：我无法想象重复一项工作一直到老是一种什么样的生活。是的，七号活跃型人格追求的自由与放肆，与我们正确应对人生时需要的持续精神完全相悖。那么七号活跃型人格会遇到的两个问题就非常明显了。

他们并不知道自己真正需要的是什么，始终认为自己真正需要的会在未来的某个时间获得。我们每个人又何尝不是如此呢？此刻要你第一时间说出你想要的是什么，你说得出来吗？你是不是也觉得，你想要的，在将来的某一天才会得到。

比如，等我有了那个他，等我孩子长大，等我退休，等我终于学会放下……可我们真正想要的是什么，却越发模糊。到最后我们变得只会憧憬，憧憬未来的某个时间我们能够得到想要的一切。

而七号活跃型人格的第二个核心问题：他们认为自己会在未来的某个时刻得到幸福、快乐和满足，而这一切都与当下自己的活法无关。比如，憧憬孩子长大了，自己就能过得舒服。可在这一刻，你并没有为孩子的教育付出足够的努力，选择了活在当下。那么，

你如何收获你想要的未来呢?

所以,我们得改变。浅水是喧哗的,深水才会平静。静下心来,做三四月的事,八九月自有答案。

领袖型人格的问题是对权力的疯狂
霸总人设：真正有担当的人
如何与控制欲强的人谈恋爱

领袖型人格

9.1 领袖型人格的问题
是对权力的疯狂

我们以前都认为,走出学校后,简历里写着曾经在学生会做过干部是一件很光彩的事。尤其是那些学生会主席,昂首挺胸,觉得自己走入职场前就闪着耀眼的光。

嘿,别想多了。我最近和一些做人事工作的朋友聊天,他们告诉我,现在很多企业都不考虑简历里写着大学时做过学生干部的毕业生,为什么呢?我们都知道,世界并不是非黑即白的,可以有折中选项,尤其是企业。比如一个非常称职的同事,却有点邋遢。而他旁边坐着一个领袖型人格的孩子,那么领袖型人格的孩子会做什么呢?他会指出对方邋遢这个问题,并在这个问题没有得到对方重视后,产生攻击性。没错,领袖型人格的性格特点就是具备攻击性。他们能够在团队中充当保护者的角色,但同时,他们也有支配欲和掌控欲,渴望拥有权力,并要求人们必须照他要求的去做。

这一点是好还是不好呢?如果,你是一名已经很成功的职业经理人,那这肯定是好的。可如果你是一个刚走出校园的年轻人,因为在大学校园里做过学生会干部,具备了眼高手低的性格,那么这样一个人适合在团队里吗？所以说，领袖型人格的问题，就是对权力的理解问题。

9.2 霸总人设：
真正有担当的人

我们身边总有不少让你头大的人，对这些人，你印象深刻，会时不时郁闷自己怎么总是遇到这样的人呢。实际上，这是因为我们对不好的东西记得很牢，记仇不记好是我们的天性。所以啊，我们还是要时不时回味身边那些让你感觉温暖的人和事，进而让心中充满正能量。

那么什么人才是我们身边能给予我们温暖的人呢？

在你遇到麻烦时，第一时间会想起的这个人。然后，你小心翼翼，把这个问题说给他听。他想了想，然后对你说："没事了，我会帮你解决。"

他的回答可能还不太肯定，但有他这句话之后，你顿时长舒了一口气。因为在你的记忆中，他揽下来的事，基本上没有搞不定的。这就是一个领袖型人格的人，在你的世界里存在着的最大意义。因为有他们在，我们能时不时收获安全感。没遇到问题，你会烦他，嫌弃他，因为他管得宽，他们那对于周遭世界的掌控欲望让人很反感。而有了他，你才会有安全感，才会不害怕。

说到这儿，你们身边的这个他，是不是逐渐清晰起来了？我们

说过，九型人格并不代表一个人的全部，要结合起来看面对的是什么人什么事。甚至可以理解成，我们的这个研究对象，是想把自己的哪一面呈现给欣赏者看。

那么，他是谁呢？

或许，他在人前有点弱弱的。但在我们与我们的世界里，他又最能扛事，最有担当。他就是最伟大也最具有"霸道总裁"人设的领袖型人——我们的父亲。

9.3 如何与控制欲强的人谈恋爱

我们已经弄明白了领袖型人格的人控制欲超强,他们的优点与缺点都是受控制欲驱动的。

那么,这一类型的人在爱情中是个什么模样呢?

我们就来说说领袖型人格在一场爱情中的三种表现,并给出解决方案。

首先是他那超高的控制欲,导致他喜欢预判对方。怎么预判呢?比如,他会自作聪明地认为你不会喜欢某部电影,当你说自己喜欢时,不就跳脱出他的预判了吗?然后他就会郁闷。面对这样的人,该怎么办呢?明确告诉他:我就是喜欢,你能怎么样吧?

第二点,领袖型人格的人会给你分享他喜欢的东西。比如分享一个在女生看起来不可理喻的物理实验视频,边看边滔滔不绝地发表意见。这种情况,就不能像第一个情况一样说你不喜欢了。因为恋爱是一个相处的哲学,你得学会包容。然后,你靠在他肩膀上,由着他说,由着他激动,安安静静地陪着他,实在不行,你靠着他睡觉就是了。

第三种情况,领袖型人格没事就喜欢否定自己的情感。他会淡淡地说不在乎、无所谓。实际上呢,心里可能十分在意。这种情况我就不给出对策了,是由着他还是逼他就范,各位自己看着办。谁让你遇到的,是这么个有着霸总人设的恋爱对象呢?

和平型人格到底爱不爱和平
一眼就能分辨出来的和平型人格
一位终生"躺平"的大人物——甘地

和平型人格

10.1 和平型人格
到底爱不爱和平

之前说过很多次，每一种人格的命名都是基于那个英语单词的直译，所以会导致我们对这种人格产生曲解。比如忠诚型人格，并不是说他们就是忠诚的人。又比如成就型人格，不是说他们就能取得巨大成就。

对和平型人格的直译，就更上升了一个档次。它的英文单词是peacemaker，直译是调解人、调停人，也就是遇到纠纷跑来劝架的人。当然，我们现在谈的是心理学，格局得更高一些，不能翻译得那么土。所以，我们也可以把它翻译成和平使者。

现在我们就来看看充当和平使者的第九号人格，到底是不是爱好和平。他们友善温和，性格也十分随和，不喜欢发火，逃避冲突，凡事会说顺其自然，且不急不慢。看到这里，各位是不是觉得，这类人不就是个"铁憨憨"吗？

别急着下定义。他们啊，目标模糊，做事缺乏重点和坚持，容易放弃。没事就自满，把自己一通表扬，懒惰不进取。我们之前说领袖型人格的性格时，提过一个概念：人要有点侵略性，有点进攻性。实际上，这就是进取心。而我们的九号和平型人格就缺乏这种进取心。现实生活中，他们就是老好人，就是和事佬，甚至就是我们说的那种死猪不怕开水烫、稳稳躺平在那里的滚刀肉。

10.2 一眼就能分辨出来的
和平型人格

我们不是很喜欢分辨各种人格吗？那好，我们就来说说，和平型人格的人搁在人群中，怎么能被我们快速分辨出来。

首先，因为足够率真，所以他们压根儿就没兴趣伪装成别的人格模样。他们会很坦诚地把真实的自己展现出来。你看他们，心宽体胖。你往尘世中匆匆一瞥，白白胖胖跟个福娃似的那个人就是和平型人格的人了。

再看目光，目光游离，散发出来的都是悠哉与自在，非常朴实。穿衣打扮也多偏向休闲的、宽松的、舒适的风格。说话慢悠悠的，喜欢带个尾音，和你聊了半天，你再一回味，不知道聊了些啥。当身边出现这种人时，你可以完全放下戒备与他相处。因为他们有个比别人更厉害的天赋，就是懂得换位思考。所以和他们相处，你会觉得很温暖、很舒服。

10.3 一位终生"躺平"的大人物
——甘地

前文提到过,和平型人格的英文直译过来是和平使者。

那么,在我们现代历史里,真正称得上和平使者的人是谁呢?甘地,非暴力不合作运动的倡导者与强力执行者。

什么是非暴力不合作呢?简单来说就是,如果你来打我,那我随你打,直到你打累了,我依旧微笑着看你,那时你就会愧疚,就会明白我的衷肠。我们是心理科普,我一直强调世界是多元的,我们要接受世界的多元化。所以不评判,也不发表自己的论点。总之,这位和平使者跑去跟犹太人说:"随德国人杀吧,最后他们自己会醒悟,会内疚的。"结果是人家当他瞎说。

不过,伟人就是伟人。我们会想着,这或许是他收获人气走向成功的一种谋略。在印度民族解放运动结束后,甘地在民众心中的地位极高,但甘地选择做什么呢?他坚决不接受担任国家元首,反倒是选择告老还乡,回归到和平型人格真正想要的安静与平和的世界里去。

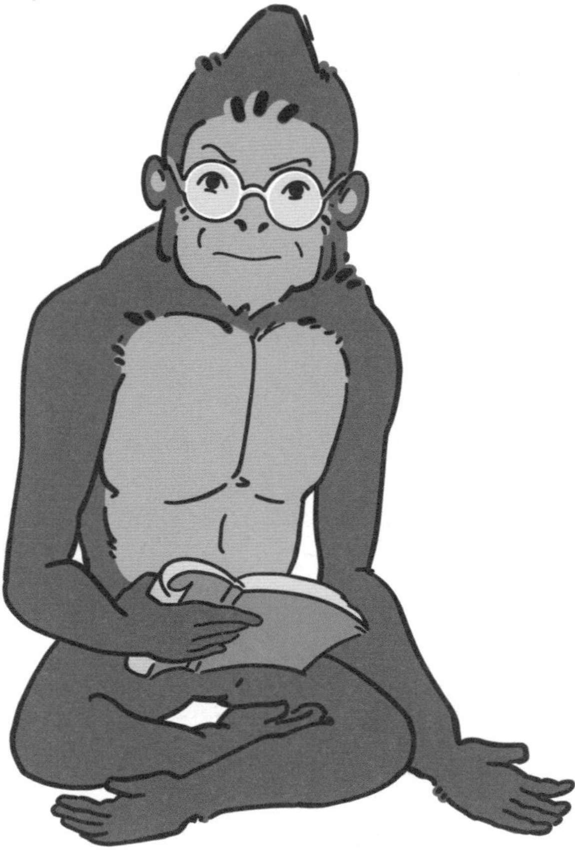

第 4 章
谁还没有
一点小毛病呢

告别抑郁，重拾活力

不要盲目跟风说自己抑郁
神经衰弱并不是抑郁
抑郁对应的不是快乐，而是活力
抑郁症与双向情感障碍的区别
抑郁症，必须打败它
重视抑郁，了解这四点
认清抑郁程度，然后打败它

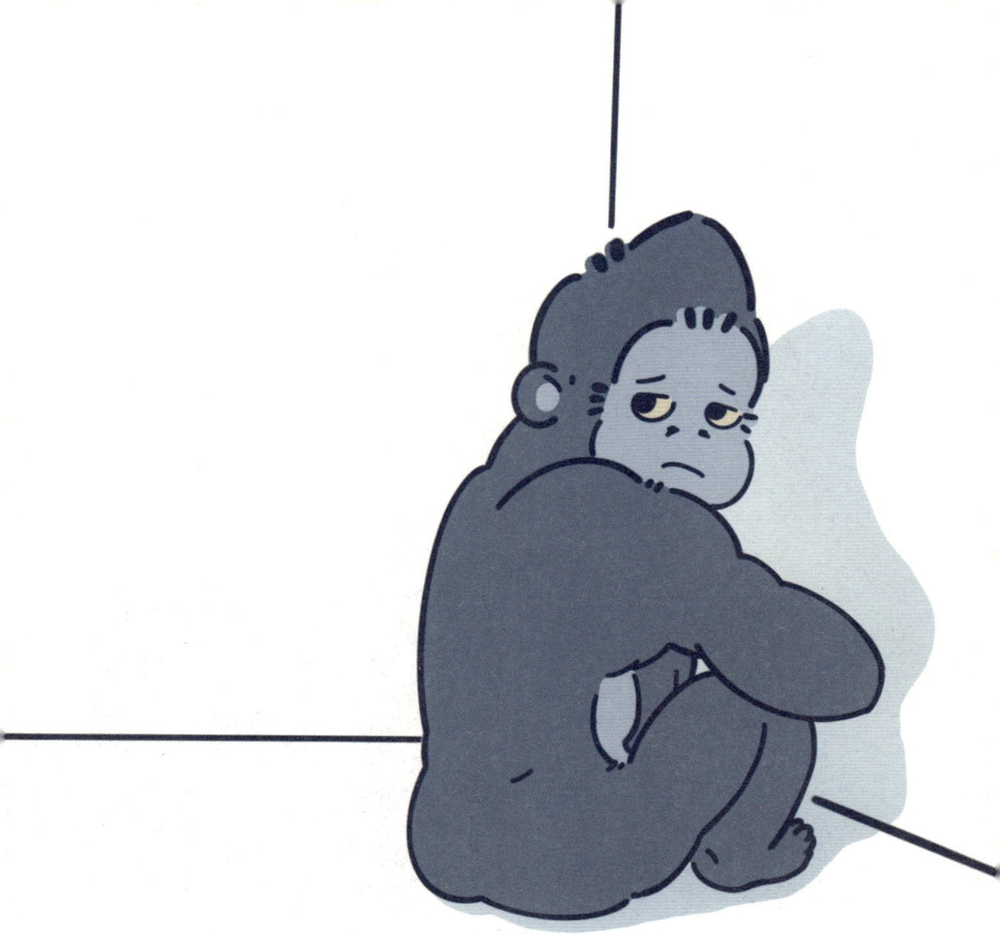

1.1 不要盲目跟风
说自己抑郁

现在很流行说自己有抑郁症了，好像没有患抑郁症都不好意思出门社交。网上也大把说抑郁症的，但我直给干货，说点实用的。

那么，我们就来说说被人当作抑郁症的抑郁情绪。

首先，我们都知道抑郁症是一种心理疾病，但凡是疾病，就是病理性的。什么叫病理性的抑郁症呢？就是说你有事没事就抑郁，抑郁变成了你的一种常态。比如，你失恋了，又被上司恶意针对，身体也一直不舒服，长痘、胃痛、便秘……这一切导致你最近有点抑郁。那么，你的抑郁是有原因的，原因在于你的另一半、你的领导、你的身体状况等。过些天，如果你又开始恋爱，换了新领导，身体也痊愈了，到那时，你的抑郁就好了。所以，你这段时间的抑郁只是抑郁情绪。

什么是抑郁情绪呢？它是一种情绪，和你的难过、悲伤一样，是当下的情绪。

那么，什么才是抑郁症呢？敲黑板了！连续两周以上的抑郁，且这抑郁不是外因导致的。当然，这里我们也要说明，两周这个时间周期也是因人而异的。毕竟人和人是不一样的，有些人失恋能痛苦大半年，而有些人睡一晚就继续犯花痴去了。

记好了，抑郁症是病理性的，没有原因也会抑郁。而抑郁情绪是有诱因的，有一个让你抑郁的原因。

再敲黑板：有诱因与无诱因，就是抑郁情绪与抑郁症的区别。

1.2 神经衰弱
并不是抑郁

还有一个容易被人当成抑郁症的症状，叫神经衰弱。20岁出头的年轻人中，很多都有神经衰弱。神经衰弱的人会失眠，而且会持

续失眠，整个人的精神会非常糟糕。许多人就以为自己是得抑郁症了。实际上神经衰弱和抑郁症相差十万八千里。

那么，神经衰弱又是怎么来的呢？

神经衰弱是因为压力大以及持续紧张。

比如你们公司最近要赶一个项目，你每天都要加班，回到家后觉得很疲惫，但偏偏睡不着，脑子里总是乱七八糟的。这是你的脑细胞太兴奋，持续紧张造成的。这种情况下，可以尝试做点运动，出些汗，效果会很好。

好了，这一节和上一节一起总结下：抑郁情绪和抑郁症的最大区别是有没有诱因；神经衰弱导致的失眠是因为脑细胞太兴奋，静不下来。所以，不要有事没事就以为天塌下来了，自己得抑郁症了，像电视里那些人一样即将走向毁灭……没那事儿！

我们的身体很强大，没那么脆弱。并且，抑郁症不是赶时髦，要医生说了算。你自我评估的抑郁症……这个，我就不想评论了。

1.3 抑郁对应的
不是快乐，而是活力

人们常常会把抑郁和悲伤混淆。

实际上，悲伤难过是一种明确的反应，是你遭遇了不幸，并感到极度不快乐。在这个阶段，你情绪低落，且低落地过着你大致正

常的生活。最终，也能够一定程度上自我恢复。恢复后，你会收获什么呢？会收获快乐。

很多人便会把抑郁拿去和悲伤混为一谈。说很抑郁，快乐不起来。实际上，快乐不起来，是你悲伤难过。而抑郁对应的并不是快乐，而是活力。

那么什么是活力呢？

活力，指的是旺盛的生命力，行动上、思想上或表达上的生动性。

这次举个真正高端的例子，毛泽东说过的一段话，我觉得是对活力最好也最强大的诠释。他说："世界是你们的，也是我们的，但归根结底是你们的。你们青年人朝气蓬勃，正在兴旺时期，好像早晨八九点钟的太阳。希望寄托在你们身上。"

所以啊，想要走出抑郁，首先你得重拾活力，像那八九点钟的太阳。

1.4 抑郁症

与双向情感障碍的区别

单向抑郁症就是我们平时说的抑郁症,可双向抑郁症是什么呢?

其实这个名词是不准确的,应该叫双向情感障碍。

比如一个身患抑郁症的姑娘,她情绪低落,但也只是情绪低落,对什么都提不起兴趣。而双向情感障碍也会抑郁,也会低落。但他们的低落只是一个时间段。因为他们低落之后,会躁狂,兴奋。《家有喜事》里周星驰扮演的那小伙装疯,演绎的就是双向情感障碍——一会儿哭,一会儿笑。

估计大家听到这儿都会有一点点惶恐,暗想:完了,我就好像有点双向情感障碍,高兴后会低落。之前,自己以为这就是乐极生悲,听你这么一说,居然是精神问题。

不必焦虑,挺多人都有轻度的双向情感障碍。原因是心理发育不够成熟,情绪调节能力差,视野有限。说通俗点,就是你还只是个大小孩罢了。记住,控制情绪,才是我们能够扮演好一个大人的关键。

1.5

抑郁症，
必须打败它

近几年，人们对抑郁的关注上升到了社会层面。抑郁症是现在最常见的一种心理疾病，患者从一开始的闷闷不乐，到最后的悲痛欲绝、自卑、痛苦、悲观、厌世、消极、逃避，感觉活着的每一天都是在绝望地折磨自己，最后甚至会有自杀的企图和行为。

可是他们身边的人却总觉得这不是个多大的事。他们总认为抑郁症只是心理问题，而心理问题不就是自己想不明白一些事而已吗？所以，不愿意带他们去看医生。

那么，必须给大家强调一点：抑郁症是一种疾病。但凡是疾病，就得去看医生，而且要直接去看精神科医生，早点就医。因为在精神科，抑郁症不是什么重大疾病，不用害怕。大家要相信自己，我们很强大，完全可以轻易打败它，不应该放任它。

1.6 重视抑郁，
了解这四点

抑郁，会有哪些不对劲？

分四大块聊聊吧！第一块：心境低落。也就是没有愉快感，对什么都提不起兴趣。人啊，没有兴趣与爱好是很绝望的一种体验，不知道自己到底要什么，从而产生非常强烈的自我否定，觉得自己是个多余的人。

第二块：思维迟缓，进而反应迟钝，思路闭塞。感觉脑子就像一台生锈的机器，话变少了，语速也变慢了，声音低沉，对答困难。

第三块：意志活动减退。比如动作缓慢、生活被动、懒、不想做事。变得不愿和周围人接触交往，喜欢独坐一旁或整天卧床。疏

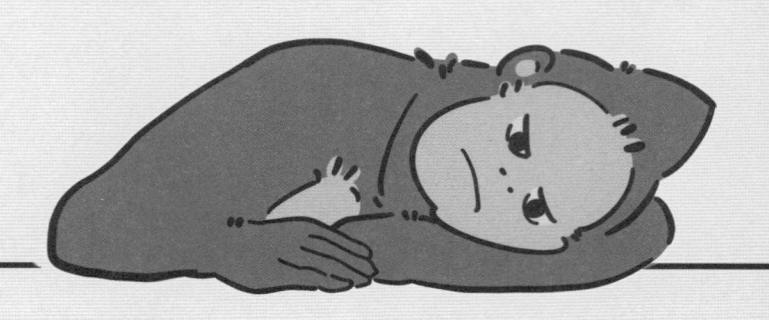

远亲友、回避社交，甚至发展为不语、不动、不食，出现抑郁性木僵。

第四块：认知损害。主要表现为记忆力下降、注意力障碍、反应延长、警觉性增高，也就是疑神疑鬼、学习困难、语言不流畅。这是因为不好的感觉都被放大了。

当然，对重度抑郁也不必太过紧张。抑郁是小毛病，每个人都会或多或少有过对抑郁情绪的体验。直面它，打败它！最终，你会发现，其实它啥也不是。

1.7 认清抑郁程度，
然后打败它

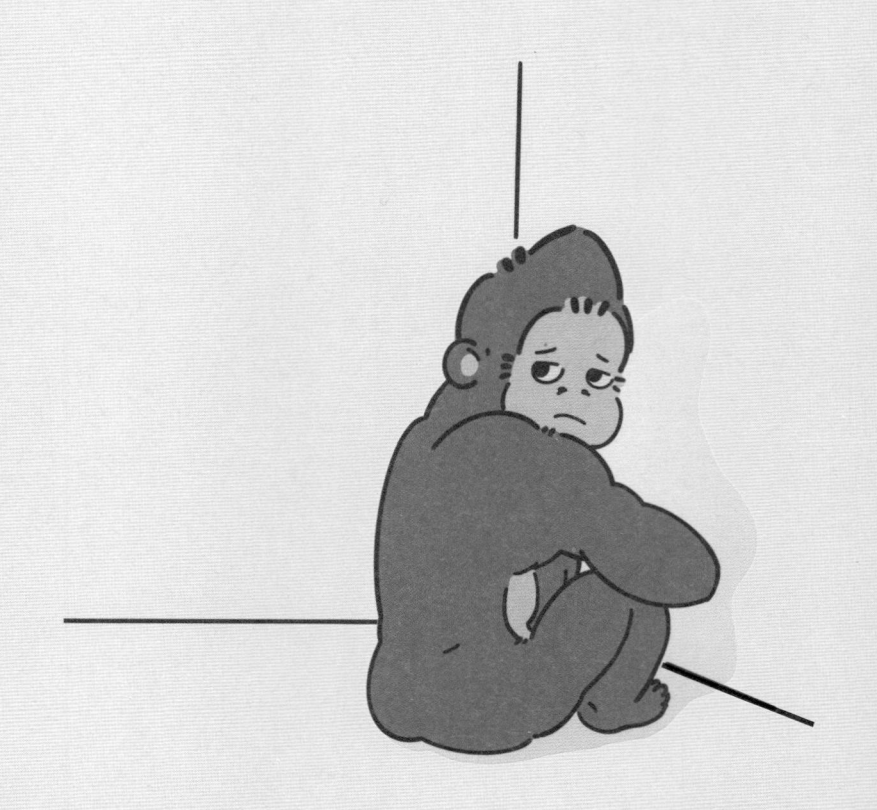

经常有要好的朋友联系我,说身边亲友抑郁了,能不能提供一些帮助。每次我都直截了当地给出正确答案——去看医生。去正规医院挂号,找具备医师资格的精神科医生。

因为抑郁症是病,不是影视剧里那种"听君一席话"就能茅塞顿开的小小心结。那么,针对几种抑郁症,我也简单地说一下,但总的指导意见不变,还是去看医生,不要指望看看文章、看看书就能够搞定。

首先,轻型抑郁,很多情况下都只是抑郁情绪,还没有成为病理性的。去看医生吧,很快就能走出来的。

其次,重症抑郁,具有抑郁症的全部症状,包括出现幻觉和妄想。最严重的还会表现出精神性运动抑制,沉默不语、不食不动,也就是木僵性抑郁。

第三种是急性抑郁,突然间就抑郁了,还挺严重。这种情况更需要及时接受治疗。

最后是慢性抑郁,这是最容易被身边人忽视也最可怕的一种抑郁。它持续存在,无明显间歇期,甚至能够潜伏一两年甚至更长。这种情况多见于年龄较大的人。

好了,还是说重点,我们一而再、再而三地强调,及时就医,及时就医,及时就医。千万不要有那种抑郁只是心病心结没打开,找个办法打开就好了的思想。

看看我们都容易犯的小毛病

精神分裂和人格分裂，你分裂了吗
宝宝叛逆期，你不记得的叛逆岁月
青春期，不叛逆，更待何时
我喜欢浪——社交达人来了
每个情商低的人，都是一座宝藏
杠精，一扯就给你扯到宇宙
强迫症是心理疾病吗
强迫思维与强迫行为有什么区别
容貌焦虑是不是一种焦虑症

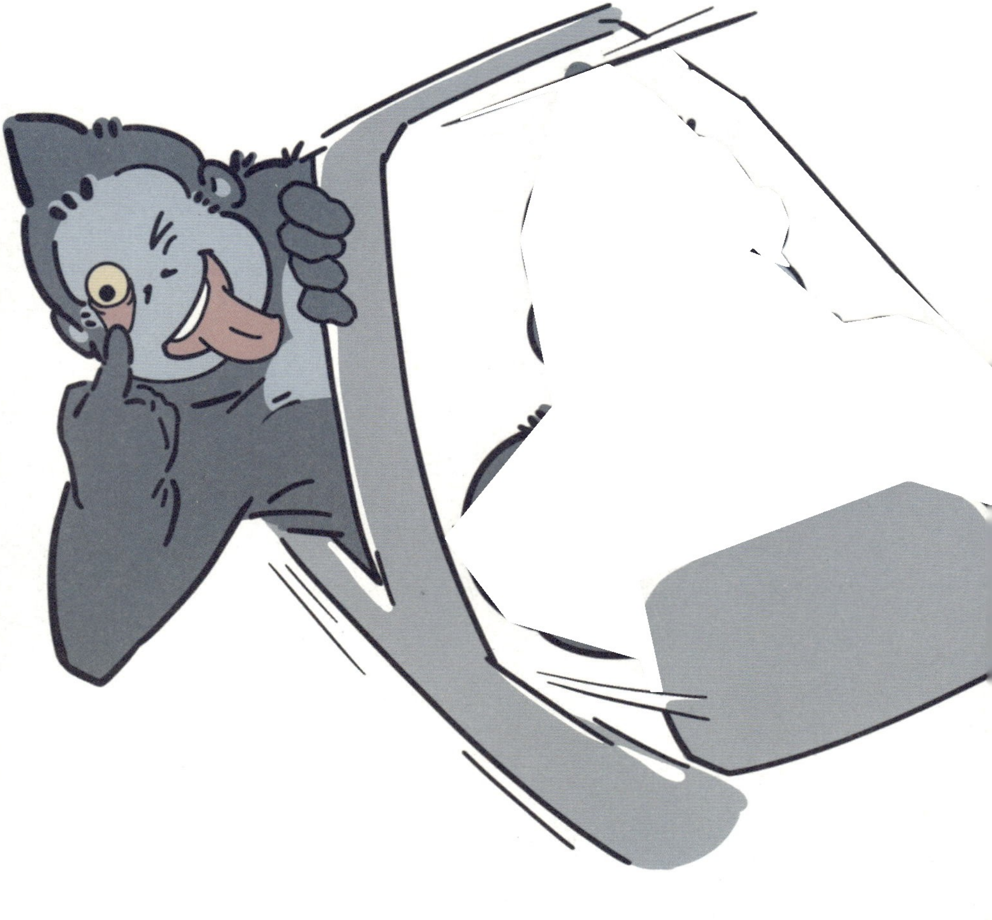

2.1 精神分裂和人格分裂,你分裂了吗

我们看影视剧时,经常会看到有的角色患有精神分裂、人格分裂,不同的人格来回切换。看起来演技很好,但我们看的时候反而很迷糊。

实际上,精神分裂和人格分裂是有区别的。先说精神分裂:精神分裂就是精神病,也就是我们平时说的疯子,在街上不穿衣服唱歌跳舞的那些都是。而人格分裂呢,是说一个身体里住着两个甚至两个以上的灵魂。

那么,精神分裂为什么也叫分裂?这是因为在他们的世界里,会出现第三者。这个第三者会和他对话。那么,人格分裂不也出现更多的灵魂了吗?不,重点在于精神分裂出现的第三者或者第四者甚至第五者,都不在本人身体里面。这个声音会在身体以外,就是天空中、隔壁,甚至马桶里出现一个声音,和他们对话。而人格分裂出现的第二个、第三个甚至第四个人,是在他们体内的。主人格与分裂出来的人格互相之间并不知道对方的存在,更不可能出现自己和自己对话。

所以,如果你哪天看到某部电视电影里主角有人格分裂,分出

几个人来自己和自己对话,你就可以打电话到电视台投诉,告诉他们,你们说的这个情况压根儿就不是人格分裂,也不是精神分裂,而是你们瞎编出来的分裂。

2.2 宝宝叛逆期，
你不记得的叛逆岁月

大家都知道青春叛逆期，多发生在青少年14岁左右，孩子们在这段时间里有着非常强的逆反心理，有事没事就要离家出走。可今天，我们要说一个更好玩的叛逆期，每个人都经历过，只是不记得而已，那就是宝宝叛逆期。

大多数的孩子在2岁以后，就会迎来人生的第一个叛逆期。只要是父母要求的事情，就要对着干，这个就是俗称的宝宝叛逆期。宝宝叛逆期比青春叛逆期难对付，因为宝宝就那么大，讲道理他压根儿听不懂，也不听，我行我素。其实就是孩子开始有了自我意识的萌芽，有了独立的欲望，是积极的，家长应该给宝宝鼓励，而不是愤怒，更不能镇压。所以，最妥当的做法不是和他对抗。因为选择对抗，会让宝宝变得不敢坚持自己的意见，长大后他们可能会成为没有侵略性人格的人，习惯放弃或改变自己的决定，这其实挺可怕的。

那最好的办法是什么呢？

声东击西，转移他的注意力。比如，我3岁的闺女吵着要下楼玩滑滑梯，我不想下去，她就闹。这时掌握心理学技巧的我就会跟她讲："来，我们一起逛一下网店，看看有没有新款的公主裙。"闺女一听就乐了，也不说下楼了，靠在我身上，我们一起看手机。

2.3 青春期，不叛逆，更待何时

初一时的暑假，有一天，我在家写作业。写着写着，突然觉得我的人生不能这样虚度，写啥作业啊？那些名人在我这个年纪，缸都砸了好几个了。我就觉得我得改变，不能再这样下去。

然后，我就把手伸进了我家的衣柜。我爸有一件呢子大衣，贴身口袋里藏着他的私房钱，我之前在家翻宝藏时看到过。然后，我就把他的80元私房钱一锅端了。当时是1991年，80元钱不少了。我拿着这钱出了门，步行2公里，在汽车站旁边找了个录像厅，坐在里面构思我下一步的行动计划。没想到构思了一会儿，我就哭了。内心深处的戏都演到了30年后我开着直升机回家，和我爸妈哭喊着对方的名字，跑半里地再拥抱的剧情。我哭了一下午，眼睛都哭肿了，感觉有些饿，想了想还是回了家。

结果，我回到家后才发现，爸妈还没回家。我留在书桌上那封控诉家庭教育的信，压根儿就没人看过。随后我把信撕了，把我爸的私房钱归位，好像一切都没发生过，我白哭了一场。

这就是青春期，青春叛逆期。儿童教育界的专家、心理学家大卫·埃尔金德就说了：青春期叛逆，13~17岁的孩子都会经历，这个

阶段又被他称为个人神化期，认为自己的一举一动都会被别人特别关注和特别在意。实际上，就是自己给自己加戏，一个不留神，就会发现压根儿没人关注与在意。

那么，当年的你有没有叛逆过呢？会不会比我还疯狂？

2.4

我喜欢浪
——社交达人来了

社交达人，在社交行为中外向、不怕生、自来熟，能够快速与陌生人打成一片。

今天，我们就来说我所观察到的三类社交达人。

第一类，真正的情商高，和这类人交往会令你如沐春风，能够感受到一种浓浓的套路，且是那种高级的套路。比如他们的微笑始终如一。有些人会说，最反感这种人了。其实呢？我们常说世界是多元的，要学会包容。人家费尽心思来套路你亲近你，那么我们要用一颗同样正能量的心去接受对方，不应总想着对方到底有什么阴谋。毕竟最后，你顶多被他建议买份保险、充点会费。他没出动刀枪棍棒和冒蓝火的加特林，个人觉得也无所谓。况且，你还得有钱买对吧？

第二种，具备表演型人格的人，他们喜欢以高度饱满的情绪及做作夸张的行为，做自我表演，言行举止过分戏剧化地引人注意。世界这么大，他们就想给大家表演个小节目而已。

第三种，双向情感障碍的患者，当他们处于躁狂状态时，也会激动兴奋，表达欲提高、思维奔逸、精力充沛、莫名自信，感觉自己非常厉害、交际广泛等。

那么，你身边的那些"社牛"，又是哪一种呢？

2.5 每个情商低的人，
都是一座宝藏

现在说谁"二"，意思就是说谁情商低。

一帮小姐妹躲咖啡厅里评价男人，说起谁优秀，都不忘给对方加上高情商的标签。高情商好吗？挺好的，你去小饭店里观察一下，有些人买单时不是打电话，就是上厕所，或者趴在桌子上装醉酒。这些都是"高情商"的人，花样多得很。

各位也回味一下，身边高情商的人是不是都长袖善舞？说白了就是圆滑。到现在这年代，没有谁比谁蠢，聪明人越来越不受欢迎了。所以慢慢地，受欢迎的人变成了低情商的实在人。

什么是情商？情商就是EQ，情绪商数，它是近年来心理学家提出的与智商相对应的概念，由自我意识、控制情绪、自我激励、认知他人情绪和处理相互关系这五种特征组成。情商本来是个好的特质，可现在情商的概念被人带偏了。谄媚、奉承、巴结、虚伪这些常被人以为就是情商。实际上，圆滑、世故并不是值得推崇的。那么，有些人木讷点，呆萌点，甚至慢半拍，我们不能将他们定义为情商低。他们只是不屑于虚伪罢了。

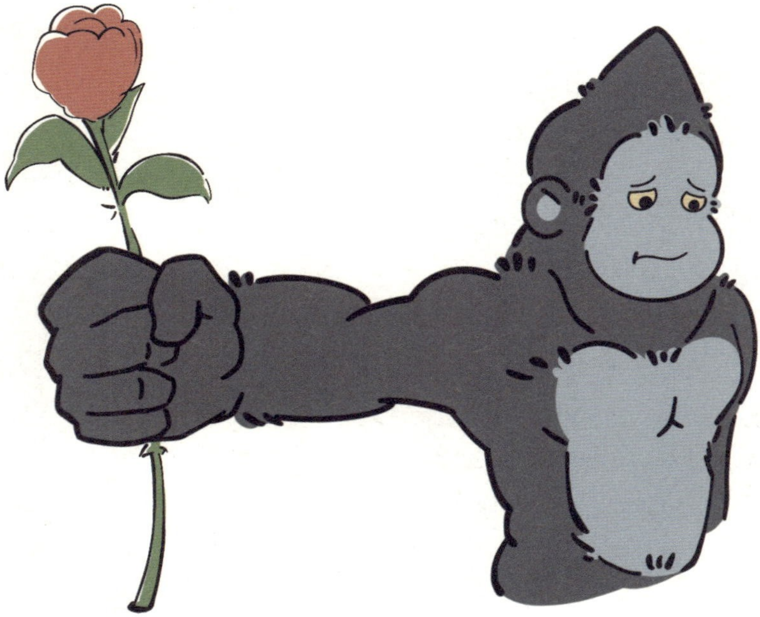

2.6 杠精，一扯就给你扯到宇宙

杠精，说白了就是具备逆反心理的人。

2020年10月我在青岛跑马拉松，回来时乘坐晚班机。同事安排了车接我，司机姓谢，大半夜在高速上拉着我聊天，说他家是薛刚的后代，被武则天贬黜离开朝堂改姓谢。还说他爷爷每次给他说起这事时，都很气愤。

他爷爷出生在旧社会，对唐朝的虚构故事有执念，也是个另类。我就给他详细讲解了下，告诉他薛刚在历史上并不存在。他沉默了一会儿，就换话题了，说女权，扯到杨家将。他说从佘太君到穆桂英到杨排风，都是女权中的"战斗机"。我只能又给他说，穆桂英也是不存在的，原型是秦良玉等。

谢师傅不吭声了。这一次他沉默的时间有点长，然后突然扔出一句："钟老师，我们人类在茫茫宇宙中，只能算是一颗尘埃，对吧？"

我就蒙了，接不上话了，因为我对宇宙真没啥研究。谢师傅高兴坏了，后来还给我科普了下黑洞，说黑洞就相当于一个滚筒洗衣机。

是的，逆反心理，就是这么一种社会心理。社会成员反抗权威、反抗现实的心理倾向。在谢师傅心里,这个出过书的老师懂得可能挺多,算是他认为的权威。

但是,这样一个权威也能被他难住,耶!

那怎么对付具备逆反心理的"杠精"呢?学习更多的知识碾压他们。比如,那天之后,我就会恶补天文学知识,下次再有机会坐他车,跟他说黑洞不是滚筒洗衣机,而是时空曲率大到光都无法从其视界逃脱的天体。

2.7 强迫症
是心理疾病吗

强迫症是心理疾病吗?

有强迫症的人经常会反复做同一件事,比如反复洗手,总觉得洗不干净。实际上,这些强迫性的动作、行为或想法,只是你想要追求你自己定义的完美。比如,洗出真正完美干净的小肥手。

这种追求完美的性格,就被人称为强迫性人格。

现在,我们列举强迫症的 7 种性格特征,看看你中招了几种:

1. 在意义务与规范,过分投入工作,常被人称为"工作狂"。
2. 过分节俭,甚至吝啬。
3. 超爱干净,过分讲究卫生,并强加给身边的家人与朋友。
4. 有不安全感,害怕遗漏、疏忽,反复求证。
5. 在意程序,包括生活细节也追求按部就班。
6. 不相信别人,事必亲为。
7. 对工作要求太高,一旦偏离计划就抓狂。

你中了几个呢?超过 4 个,那你就有强迫症。同时也恭喜你,你也是一个完美型人格。

只不过,做完美型人格的人,真的超级累。

2.8 强迫思维与强迫行为
有什么区别

什么是强迫症?就是强迫思维和强迫行为。

那什么是强迫思维,什么是强迫行为呢?

比如,你总是怀疑自己出去没关门,怀疑自己手上有细菌。总是胡思乱想,为什么有的人脸上长麻子还能找到帅气的男朋友,自己只是长了几颗痘却一直单身。看新闻里有不好的事情发生,就反复琢磨为什么他们要这样做……每天脑子里老是有五花八门的想法,操心的事情特别多。这就是强迫思维,也叫强迫观念、情绪及意向。简单来说,就是钻牛角尖。不过呢,有强迫思维也还好,只是想想罢了。

强迫行为就比较让人郁闷,他们怀疑门没关好,就要回去检查,检查一次后没一会儿又怀疑没检查好,又要去检查。怀疑手上有细菌,就一定要去洗手,洗很多遍。由于经常重复某些动作,久而久之他们还会形成某种程序。比如洗手时一定要从指尖开始,连续不断地洗到手腕。如果水龙头打开后不小心先冲到了手背,就要重新洗。因此,强迫症每天都要耗费大量时间在这些毛病上,非常痛苦。

我自己学习到这里的时候,又开始了举一反三模式,想着为什么有些强迫症只是想想,而有些强迫症就一定要有所行动呢?难不成是这毛病的一个由浅入深的过程?

　　事实上是,勤快人得了强迫症,就会演化成强迫行为。懒人得了强迫症,只想躺在床上空想,就是强迫思维。

　　这结论就有点叫人吃惊了,或者这也算是懒人有懒人的好处吧?

2.9

容貌焦虑
是不是一种焦虑症

你有容貌焦虑吗？首先，我们来看看人类审美最初的用意。

为什么要瓜子脸？因为瓜子脸说明你生活优越，不用因为咀嚼太硬的食物而导致咬嚼肌鼓起。

为什么大长腿好看？因为长腿在野外遇到危险时跑得快，不会被狮子老虎逮到。

男人为什么会喜欢丰满型的异性？因为丰满型的女性能够更好地繁衍下一代。

好了，不举例了。你会发现，其实人类骨子里对于审美的评判标准，大多是以能否更好地生存以及繁殖为基础的。意识到这一点后，有没有豁达一点点？可当下社会，偏偏弥漫着一股容貌焦虑的风，不好看就无法升职，找不到对象，影响人际交往等。好像把一切不好结果的原因，都往容貌上引导。可实际上，好看的皮囊千篇一律，有趣的灵魂万里挑一。真实的你，才是独一无二的最美的你！

谁还没有

一点心理问题呢

其实大家没空留意你——社交恐惧症的自我救治法
一位社恐症患者的噩梦
攻击型人格障碍：主动型还好，被动型非常可怕
吵架场上的渣渣，泪失禁体质是什么情况
从偷菜团说起：利己主义者到底是什么心理

3.1 其实大家没空留意你
——社交恐惧症的自我救治法

相信很多人和我一样，在青少年时期，站在操场中间，觉得手不是手脚不是脚。总觉得别人在盯着自己，并议论自己的走路姿势如何奇怪，脸上痘痘如何密集，甚至还包括身上有汗臭味，等等。我们放大了很多自己的细枝末节，变得小心翼翼。

到最后，面对很多事情，独处时会觉得一切都很好处理，走到外面就觉得有了障碍。书上说，有13.3%的人一生中都会有某种程度的社交恐惧症。那么这种社交恐惧又是怎么来的呢？

我们知道，很多心理问题的来源，都可以追溯到远古时代。那个时候，你一个人躲在山洞里不出去，如果食物足够的话，是非常安全也安逸的。但那时候没外卖，所以你还是得出去打猎或者采集。当你身处野外时，暗处野生动物对你的观察、其他部落的人对你的留意，这些都是危险。最终，你就生成了一种害怕在野外活动的心理倾向。

当然，这种倾向也可以理解为大自然优胜劣汰的体现。如果你没事就跑去野外，到处瞎逛，没两天就会被狮子、狗熊吃掉，自然留不下后代。就算侥幸留下后代，他们遗传了你喜欢瞎逛的毛病，

也会被狮子、狗熊吃掉。狮子、狗熊可没有经历过农业革命，不会想着这个"人形小饼干"好吃，把他圈养起来，让他多繁殖，再慢慢吃。这也就导致喜欢到处瞎逛的人，血脉更易中断。反之，我们这些骨子里对野外有着敬畏之心的人，便或多或少增加了人种延续的概率。

所以，社交恐惧症其实就只是对于野外危险的担忧而产生的心理障碍。那么，你缓过来好好想一想，现在是和平年代，如果你长相一般，身材也不一定多么妖娆，有什么好害怕出去的？

3.2 一位
社恐症患者的
噩梦

讲个有社交恐惧症的小伙儿的故事。

我弟弟公司的一个程序员，做事特别认真靠谱，但是有社交恐惧症，特别腼腆。

我弟弟就跑来问我，说想好好培养这个小伙子，怎样才能治好他的社交恐惧症。我一本正经地告诉他：你们得用爱感化他，对他热情，对他好。于是，全公司的人都对他很热情，还很关爱，小伙子每天被关爱得胆战心惊，不知所措。

后来有一天，小伙子过生日。我弟就领着他还有五六个同事，去公司楼下的知名火锅店吃饭，该知名火锅店以热情著称。那天下暴雨，店里客人很少，服务员都很闲，又听说有客人过生日，于是，30多个服务员排着队，唱着歌从餐桌后面拐了出来，非常热情，还要和他拥抱。小伙子当时被吓蒙了，面红耳赤了好一阵子，扭头冲出了火锅店。我弟才意识到不行，把服务员劝退，再派人去找他，大伙再一次用爱温暖小伙，安抚了很久才搞定。

这就是社交恐惧症。

社交恐惧症，恐惧症的一种亚型。恐惧症全称恐怖性神经症，是神经症的一种。以过分和不合理地惧怕外界某种客观事物或情境为主要表现，患者明知这种恐惧反应是过分的或不合理的，但仍反复出现，难以控制。而克服社恐的方法，还真是劝服自己多去社交。因为个体本身会意识到这个问题需要的是勇气。

3.3 攻击型人格障碍：
主动型还好，被动型非常可怕

攻击型人格障碍就是行为和情绪具有明显冲动的人格障碍。

说得再简单点，就是易燃易爆性格，加上情绪反复无常，是青年期和中青年期常见的一种人格障碍。

攻击型是有心理原因的，一般有以下 3 种：

1. 角色认同。男孩进入青春期，就好像小狮子开始成为雄狮，需要展现自己在群体里的地位，所以会表现出攻击性。实际上就是要让人知道自己是男子汉。

2. 强烈自卑。为了掩盖这种自卑，强烈攻击性行为就会体现出来，也可以理解为对自身压抑生活的一种反叛。

3. 自尊心受挫。尤其是青年男性，他们把自尊心受挫看得很重要，也就是我们说的好面子。挫折越大，这种反应一般也会越大。

那么，攻击型人格障碍表现出来的行为，都是暴躁的言语进攻或者暴力吗？并不是，攻击型人格障碍又分为主动攻击型与被动攻击型。主动攻击型很好理解，一言不合就爆炸。被动攻击型是怎么回事呢？这类人看上去服从、对人百依百顺，内心却充满敌意和攻击性。比如故意晚到，故意不回电话或短信，故意拆台使工作无法进行，不听调动，拖延时间，暗地破坏等。他们的仇视情感与攻击倾向十分强烈，但又不敢直接表露于外。这是因为在他们心里很依赖权威。

所以，如果你身边有这种人的话，一定要小心，敬而远之吧。毕竟瓷器和瓦片有天壤之别，咱们是"瓷器"，得保持优雅美丽，没必要深究计较，绕开就是了。

3.4 吵架场上的渣渣，
泪失禁体质是什么情况

现在流行说的"泪失禁体质"是什么情况呢？

网络流行语！

你跑去和人吵架，一肚子话酝酿了一整天，要骂得对方痛哭流涕。结果还没张口，自己就哭了。那就鼓起勇气，再开始对骂，一

酝酿眼泪更刹不住了，没了杀气，那还吵啥啊？

那么，从心理学角度来说，这是不是个毛病呢？

不是，只是个类型而已。气质分类中的抑郁质，其实就很接近这种泪失禁体质。孤僻、观察细致、非常敏感、表情腼腆、多愁善感、行动迟缓、优柔寡断，具有明显的内倾性。总之，他们是吵架领域的"战五渣"。

3.5 从偷菜团说起：
利己主义者到底是什么心理

前段时间，新闻上讲的某地大爷大妈组团去郊外偷菜的事，看着让人挺无语的。

对此，我不发表任何个人意见，只说一说他们那种"薅羊毛"的心态是什么。利己主义，什么是利己主义呢？只顾自己利益，不顾别人利益和集体利益。

往周遭看看吧，实际上，我们身边这类人真的太多了。

我们反复说，这个世界是多元的，我们也得不断告诉自己，需要接受这个世界的多元。利己主义者也不过是这个多元世界中的一员罢了。

那么，这类人普遍具备的特点是什么呢？3个方面：

1. 自以为聪明，而且觉得自己非常聪明，甚至可以想到坐着不用买票的公交车去郊外偷菜的妙计。

2. 自恋，迷信自己的那些方法论。

3. 缺乏同理心，他们觉得自己去伤害别人的利益都是情有可原，而别人伤害自己的利益就是别人坏。

实际上，真正能够达到利己主义结果的方式，是利他，也就是

多为他人着想,最终收获他人对你足够善意的回报。至于我们身边很多利己主义的人,你选择自私也并不是不行,但最起码得坦荡。像杨朱那样,直接说自己"拔一毛而利天下不为也"。起码,他磊落。

第 5 章
心理学大师的故事和我的故事

心理学大师的

小故事

弗洛伊德是个很好玩的老头子
弗洛伊德与爱因斯坦
替代,把弗洛伊德气到晕倒的演讲
爱他就要黑他,弗洛伊德的头号黑粉伍迪·艾伦
你的潜意识里都有些什么
傻傻分不清楚的本我、自我和超我
心理学的五个重要流派
马斯洛说:什么是动机
人本主义马斯洛:你活到了五层需求的哪个层面
行为心理学大师巴甫洛夫其实是个医生
犯罪心理学大师龙勃罗梭:天生犯罪人长啥样

1.1 弗洛伊德
是个很好玩的老头子

大家都知道弗洛伊德吧。

心理学领域泰斗级的弗洛伊德是个特别好玩的老头子。他和荣格吵架，吵不赢人家，能够气得晕倒在地。

老头喜欢抽雪茄，还喜欢散步。每天叼着雪茄，在维也纳街头散步，是行走的二手烟发射器，整个维也纳市民都要抽他的二手烟。因为抽雪茄，他还入选过一个知名雪茄杂志的 20 世纪百名茄友之一。那杂志还搞了排名，弗洛伊德好像还挺靠前的，第三十六。所以我就去找资料，看老头子每天需要抽多少雪茄，才能靠这么一个坏习惯进入世界排名。一查，他每天要抽 20~24 根。

我们都知道，抽完一根雪茄需要 20 分钟到 1 小时的时间，因为雪茄有粗有细。我们选个中间数——40 分钟，再乘以他抽的根数，也选最少的，20 根。20×40，那么弗洛伊德每天就要用 800 分钟来抽雪茄。800 分钟就是 13 个小时多一点。那也就是说老爷子每天早上起床就要开始抽雪茄，中间还要挤出时间吃饭喝水，时间紧任务重，得从早抽到晚。

我们也都知道，抽烟是个坏习惯，会得肺癌。可雪茄和卷烟不同，雪茄不吸进肺里面，只是在嘴巴里面过一下，然后吹掉。那些焦油啊尼古丁啊，是通过你的唾液吞到胃里面，再进行吸收。我们又知道，胃液很强大，什么东西都能消化分解，这点焦油、尼古丁对它来说不算什么。所以呢，弗洛伊德老爷子没有得肺癌，也没有得胃癌。他最终因为天天叼着那么粗的雪茄，得了口腔癌。

到晚年，他因为口腔癌，下巴被切了一半。就算这样，也不影响他每天叼着雪茄，继续在维也纳街头散步。

1.2 弗洛伊德
与爱因斯坦

心理大师弗洛伊德和物理学家爱因斯坦是同时代的两个最著名的犹太人，两人在反战上还有过合作。爱因斯坦并不相信弗洛伊德的学说，可他情商高，没有直接反驳。

弗洛伊德却自我感觉和爱因斯坦关系特别好，还给对方写信，要给他做心理分析，让他成为一个心理健康的人。爱因斯坦看了信后，估计内心感觉非常尴尬，就给弗洛伊德回信说：很遗憾不能满足您的要求，因为我愿意在一个还未被分析的暗处待着。

弗洛伊德被拒绝了，估计也有点郁闷。所以他评价爱因斯坦取得的成就时说，不过是因为爱因斯坦走运。

爱因斯坦说：你不了解我，怎能说我走运？

弗洛伊德说：因为你研究的是数学、物理，不像我研究的心理学，人人都可以插嘴。

没错，心理学就是一个没有标准答案的领域，我在这儿说，他在那儿说，都可以装得很专业的样子。而像爱因斯坦一样造出原子弹，有点难。

1.3 替代，
把弗洛伊德气到晕倒的演讲

弗洛伊德脾气古怪，糗事挺多。

他和荣格翻脸前，有一次荣格演讲提到某地发现了古尸，就多说了几句。可没想到旁边的弗洛伊德在那里跟蛤蟆一样气鼓鼓的，后来居然还气得晕了过去。

醒来后，老头说："荣格对古尸感兴趣，这是盼着我死啊。"言下之意，荣格是要取代他在精神分析领域的地位。

那为什么弗洛伊德会认为荣格盼着他死？

这就涉及精神分析中的一个概念：替代。

替代是指当你有了一个社会道德不能接受的想法，但为了免受内心的谴责，会以另一种社会容许的想法替代。比如5岁的儿子对你说要保护你，还吹牛说自己比爸爸强大。这就是替代，以保护这个想法来成就5岁小男孩想要树立的强大男子汉形象。告诉他，你真的很棒！而你的爸爸和你一样棒！

1.4 爱他就要黑他，
弗洛伊德的头号黑粉伍迪·艾伦

作为精神分析之父，弗洛伊德粉丝很多。好莱坞的知名导演、演员，超级大咖伍迪·艾伦，是他的头号粉丝。伍迪老头有本书叫《扯平》，里面说弗洛伊德给人做心理咨询时，很有服务意识，不但和来访者聊天开解心结，还为他的来访者熨裤子，且还有自助小吃——两种蔬菜。

大家想象一下这个场景：弗洛伊德那一脸严肃的表情，动作熟练地给人熨着裤子，嘴里说着"你的童年怎么样"。被他服务的这位来访者，十有八九一副萎靡不振的模样，手里端着个碟子，吃着蔬菜沙拉，小声和弗洛伊德说话。关键是，他一边吃蔬菜一边说话的时候没穿裤子，因为裤子在弗洛伊德那儿熨烫啊。

很难想象吧！当然，伍迪·艾伦作为弗洛伊德头号粉丝兼"段子手"，这段描写是真是假也不可知了。他终其一生，一边将弗洛伊德的理论发扬光大，一边用实际行动践行着粉丝真理——爱他就要黑他。

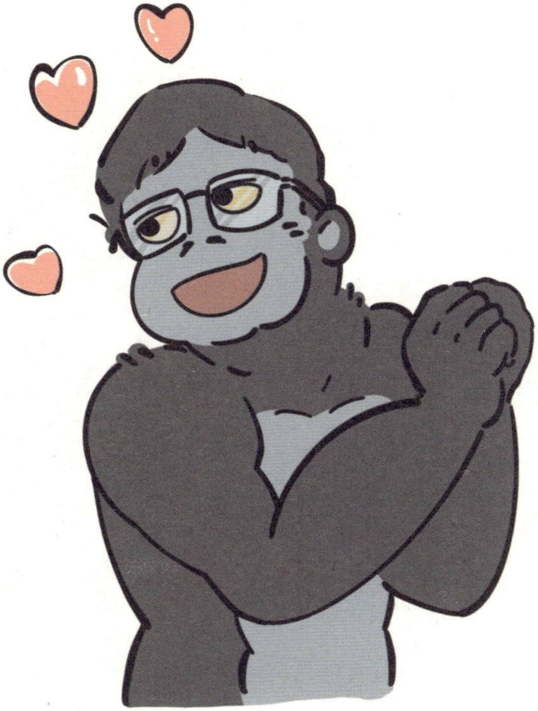

1.5 你的潜意识里
都有些什么

为什么说弗洛伊德是心理学大师呢?

大师,得开宗立派。而潜意识,就是弗洛伊德最早提出来的。显意识就是你能够看到的一座伟岸的冰山。但海面下藏着更为庞大的冰山,你看不到。实际上,海水下面,才是一个人真正的内心世界。这个比喻,就叫冰山理论。海面上的部分,就是我们的显现意识,即显意识,以你的行为来体现。海面下的部分,就是你的潜意识,外人不可知甚至自己也不知道的部分。

比如你不喜欢吃榴梿,这是你的一种喜好。你会通过看到榴梿就翻白眼,闻到榴梿的味道就皱眉等行为来体现这一点。最后,你身边的人也会知晓你讨厌榴梿。至于原因,你自己会认为榴梿气味难闻,又黏嗒嗒的,看着恶心,等等。那么,你不喜欢榴梿的真实原因到底是什么呢?

实际上,真实原因很可能不是你自己觉得的这样。我们就进入你那泡在海水里的潜意识中去,在那里,可能有一段你3岁时候的经历,你根本不记得了。或许是一个阳光明媚的早晨,刚学会走路的你走进了一片榴梿果园。你抬头,看到沉甸甸的榴梿把树都压

弯了。于是，你连忙坐到了树下，开始思考人生。这时，一颗3斤8两的榴梿掉了下来，差点儿砸到你，自此给你留下了心理阴影，从那以后你再也不喜欢榴梿了。这就是你潜意识里可能有过的故事。只不过，这故事太过久远，你已经不记得了，但导致的行为结果——你不喜欢榴梿的意识还是保留了下来。

潜意识与你的意识之间有一道门，潜意识偶尔会冒出来晃一下。比如当你再次走进果园，抬头看到沉甸甸的榴梿把树枝都压弯了。这时，你会觉得这一切是那么熟悉。因为这段经历一直都在你的潜意识里待着，你走进果园，那扇记忆的小门开了，那一部分记忆得以放出来而已。然后你说好像梦到过这一切。说完，你再次坐到树下，思考人生。这时，一颗4斤5两重的榴梿掉了下来。你更加觉得这一切似曾相识。

1.6 傻傻分不清楚的
本我、自我和超我

　　1923年，弗洛伊德提出本我、自我和超我的概念，用来解释意识和潜意识的相互关系。

　　本我，也就是完全潜意识。它是什么呢？是欲望。比如，你是一位姿态端庄、美丽大方的美女，站在舞池中央等着帅哥来搭讪。这时空气中飘来你最爱的麻辣小龙虾的香味，你的本我就指挥你吞口水，你的计划是要找到气味的来源，开始大快朵颐。这就是本我，很单纯。

不过，因为你要保持形象，所以贪吃的想法就会被你的意识训斥，说你疯了，还要不要保持身材了。这就是自我，也可以理解成想吃小龙虾的自制力。自我，也就是大部分的意识，它们负责处理现实世界的事情，指挥你正常穿衣穿裤行走工作等，基本上它啥都管了，可以理解成为日常中的这个你。比如，你打扮得很精致完美，在舞池中待了一天也没有人搭讪，这时便果断选择去吃小龙虾，这就是你的自我。

那什么是超我呢？内在的道德判断。这么说可能有点不好理解，举个例子，你吃完小龙虾去结账时，发现自己一个人吃了5斤，共500元。你觉得很贵，但也只能咬牙买单。因为不买单的话，店家就会选择报警，如果偷偷溜走的话，自己就是个逃单的坏女孩。你绝对不会做出这种事情！所以，超我其实就是底线，就是框架，你不会超出这个道德底线的框架。

1.7 心理学的
五个重要流派

　　心理学到底算不算一门自然科学？这个问题一直以来都存在争议。对此虽然我也有些看法，但我一直认为个人的主观臆断并不一定是正确的看法，所以不喜欢发表意见。

　　目前心理学主要分五个流派：构造、机能、行为、格式塔、精神分析。

构造主义认为心理学是研究人的直接经验，即意识的科学，并把意识分为感觉、意象和感情三种元素。请注意，它研究的是意识的细分。

和它对立的就是机能主义，也就是意识流。意识流说意识是个整体，跟随就可以了，不要去感受感觉和情感等元素。

接着就是行为主义，代表人物是华生和斯金纳。行为主义是心理学主流，你看到美食就吞唾沫，这就是行为主义研究的课题。

格式塔主义我到现在也没怎么弄明白，总觉得是来凑数的。为什么没有将格式塔主义归纳到机能主义里去？我觉得两者差不多。

而大家最熟知的就是弗洛伊德的精神分析。荣格、阿德勒都是这个流派的。显意识、潜意识就是他们的学说。

听完后，是不是更加迷糊了呢？没事，学习是一个由浅入深的过程，我们一口吃不成一个胖子，得慢慢来！

1.8 马斯洛说：什么是动机

心理学里经常用到一个词，叫动机。

什么是动机呢？就是促使个体去展开行为的内在力量。动机一般有两个原因，一个是需求，一个是刺激。也就是说，我们去做各种好事坏事，都不外乎这两个目的。

满足需求，比如肚子饿要吃饭，口渴了要喝水；满足刺激，比如寻求一些挑战。

提出这个动机理论的人就是马斯洛——心理学大师亚伯拉罕·马斯洛，美国著名的社会心理学家第三代心理学——人本主义的开创者。说名字大家可能觉得陌生，但说他最为经典的理论，大伙应该都有耳闻，那就是五层需求。

哪五层呢？生理需求、安全需求、社交需求、尊重需求以及自我实现。这些需求里越是低级的需求，力量就越大，潜力越大。真正了解了我们的需求，就能明白我们作为个体的许多奇怪的念头，以及做的很多幼稚与不幼稚的事，都是基于什么动机。明白了这些，我们的世界观就能够清晰一点，不会那么容易钻进牛角尖。

比如，感到口渴就是你的生理需求，需要补充水分了。你本可

以买瓶水边喝边走，可这时下雷暴雨了，为了不让自己被雨淋到，你会选择躲进一家咖啡厅点杯咖啡，这就是你的安全需求使然，你需要在一个让你觉得相对安全的地方待着。当你喝咖啡时，对面坐着一对情侣，你有些羡慕，这就是你的社交需求，也是情感需求开始作怪，你需要亲情爱情友情……所幸你在这儿居然遇到了你的高中同学，当年的好闺蜜。多年不见，互相都很高兴。可我们又都只是俗人，不由自主地会说起各自现在境况，然后产生攀比心理。这就是尊重需求，渴望得到人的尊重。如果两个人都不错，就会进入一个高级点的境界——聊事业。事业就是自我实现，当然聊孩子也算自我实现，因为孩子很大程度上也是我们的一种成就。

而以上这个例子，相信能够让你对五层需求产生一个初步的认识。

1.9 人本主义马斯洛：
你活到了五层需求的哪个层面

人本主义的开创者是美国心理学家马斯洛，他的五层需求理论非常酷。

从下往上，第一级是生理需求，包括食物、水分、空气、睡眠……

接着是安全需求，你有个小房子，一个小窝，或者一个山洞，你躺在里面风吹不到雨淋不到，也就是一个能够收获安全感的空间。以上两个需求是基础需求，如果基础需求没有得到满足，没的吃没的住，其他需求也就不存在。

接着第三级，归属与爱的需求，包括亲情、友情、爱情。所以这一层需求又叫情感需求。

再然后就是尊重需求，希望得到别人的尊重。比如露出爱马仕标志的皮带扣，就是为了满足自己被人尊重的需求。尽管别人可能觉得你很没品位，但自己觉得彰显了自己的实力。

最后，第五层需求便是自我实现。什么叫自我实现呢？就是你有一个理想，要统一地球，称霸宇宙。你穷尽一生为实现这个目标而努力，这就叫自我实现。自我实现这个阶层，才是人生的真正意义。

所以，早早跳出低级需求，你会看到不一样的世界。

1.10 行为心理学大师巴甫洛夫

其实是个医生

条件反射学说是谁提出的呢？

巴甫洛夫，现代人说起他，都会将他归类于心理学家，说他是行为主义的大师。可巴甫洛夫终其一生也不愿意接受这个心理学家的头衔。他是一位严谨的医生，获得过诺贝尔生理学或医学奖的医生，还是俄国第一位获得诺贝尔奖的自然科学家。

他最有名的就是巴甫洛夫与狗这个实验，就是给狗狗面前安个红灯装个铃铛。红灯亮铃铛响，就是开饭。之后呢，就算没投喂狗粮，红灯亮铃铛响，狗狗也会有分泌唾液等应对吃饭的生理反应。这就是大家现在都知道的条件反射。

当然，现在互联网也有对这个实验的另一种解读，形容一个人的反应不经大脑，缺乏逻辑思考。尤其是在碎片阅读这个重灾区，瞬间的信息提供，闪电般出现的条件反射，有趣？没趣？然后一下滑过。

当然，这并不是一个好习惯。我们得多点思考，少一点条件反射。

1.11 犯罪心理学大师龙勃罗梭：

天生犯罪人长啥样

一百多年前,有位号称是犯罪学鼻祖的意大利医生,叫龙勃罗梭。他通过研究大量罪犯,提出了"天生犯罪人"理论。

这理论里,具备不对称的颅骨、平坦的鼻子、大耳朵、厚嘴唇、巨大的下巴、高颧骨以及细长的眼睛等外貌特征的人,就被归纳为天生犯罪人。

不过呢,这位现代犯罪学之父的这套理论一经面世,就被人骂惨了。当然,那是一百多年前,如果换到现在,会骂得更惨。

我找到他的书《犯罪人论》研究了一下,发现一个问题,那就是他所说的颅相学,和我们中国的面相学非常相似。不过颅相学说的是你长成这个样就容易犯罪,而我们的面相学是说你长得如此天庭饱满、地阁方圆,如果在战争年代能当个将军。

对了,他这套理论里还说了手臂特别长的人也是天生犯罪人。那么,三国里面的刘备,双臂过膝,完全符合。还有,刘备耳朵也很大。

懂一点心理学的我的小故事

我一个写小说的,如何走进心理师的世界
你能知道我在想什么吗?心理学人士被问得最多的问题
15年前,我和我媳妇的故事
如果可以,他们希望精神病人这样
双生子:犯罪心理学里最让我震惊的一项研究

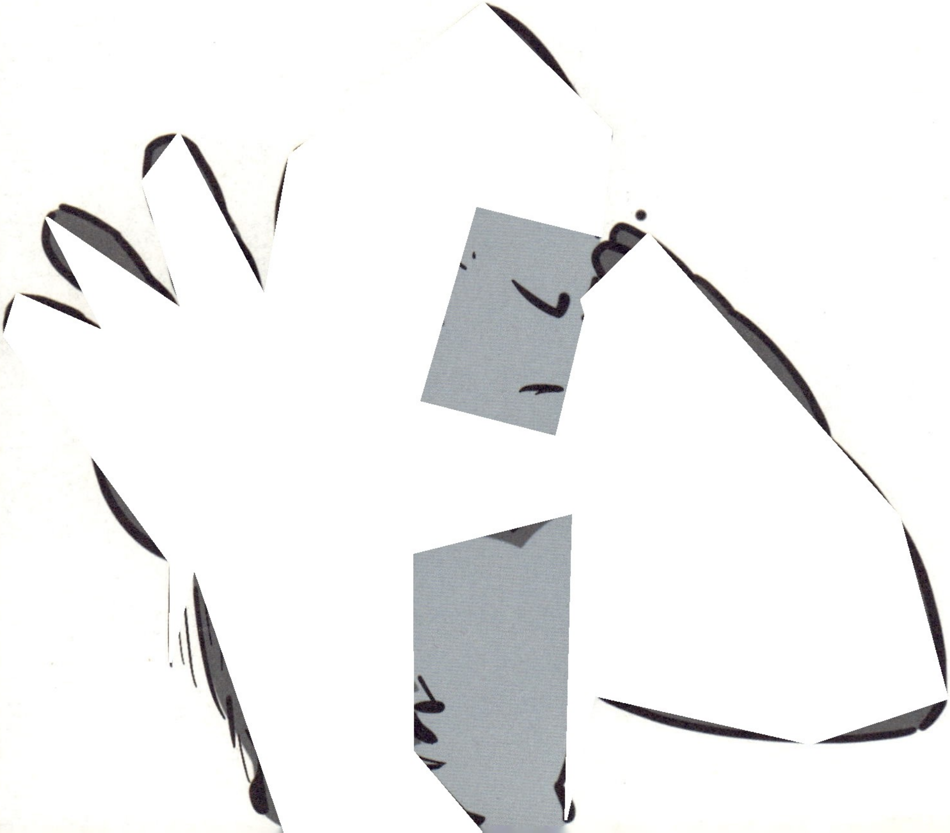

2.1 我一个写小说的，
如何走进心理师的世界

我写《心理大师》之前是不懂心理学的，为了写这套书才开始学习。怎么学呢，就是看书，看大量很傻的入门书，有图文，给小朋友看的那种。因为你是个外行，抱着真正的专业书，压根儿就看不懂。而且给小朋友看的书，作者还会考虑怎样才能让读书的人产生兴趣。我的出发点比较质朴，只是为了写小说，如果无法对心理学产生兴趣的话，是很难坚持下去的。

就这样，看了一堆书之后，我又感觉不对，自己这是闭门造车，现实生活中的心理咨询师是啥样，我都靠臆想。这是肯定不行的。

于是，我便开始想办法结识这个圈子里的人，因为我的人缘比较好，很快就认识了所在城市里一位很有名的心理咨询师小红老师。我去她的工作室，躺在来访者接受咨询时的椅子上感受，躺在她工作时的椅子上想象面对来访者时的心境。后来，又觉得不够。我就对小红老师说，能不能多介绍几个心理咨询师给我认识。老师说好啊，正好周末有个聚会，都是一些比较优秀的心理咨询师。

那天我就去了。因为堵车，我最后一个到，进包间后看到很多人，小红老师就给我介绍：这是电台做情感节目的；这是市公安局

给警察做心理疏导的;这是监狱给犯人做心理辅导的……反正一下就开阔了我对心理咨询师就业的狭隘看法。原来,心理咨询师无处不在。那天我有些犯傻,对老师们说我是写小说的,新写的故事关于心理学,故事内容是……说了一会儿,自己意犹未尽,但发现老师们都单手托头,面带微笑地看着我,好像我只是一个来访者。那时是什么感觉呢?可能挺奇怪,但非常真实,我那会儿有些毛骨悚然。

对了,那天吃的是一家素食馆,我吃不饱。吃完还去补了一大把肉串才舒坦。

2.2 你能知道我在想什么吗?

心理学人士被问得最多的问题

抖抖心理学

我懂一点点心理学,也考了个心理咨询师的证。

然后就经常有人问我:你懂心理学,那你知道我在想什么吗?这就有些尴尬,我是学心理学,又没学看面相。

这件事反映出的社会情况就是:心理学在广大人民群众心里被万能化了,功效也被过分夸大。实际上,星座、属相、血型都不是心理学研究的范畴,心理学也不会讲人生哲理、心灵励志。那心理学是做什么的呢?简单说,心理学是用"可检验"的标准来研究人类广泛的客观行为和心理现象。

对了,我还有一个身份,是类型小说作家。同样,也经常有人一本正经地要把自己的人生经历说给我听,对我说如果我写出来,那一定是一本非常好看的小说。这就变得更尴尬了。所以这时,我就会对他们说:"我是写悬疑推理类小说的,故事里有怪物的那种类型的小说。你的人生经历中,有没有出现过怪物呢?"

2.3

15 年前，
我和我媳妇的故事

15 年前,我和我媳妇还没结婚。

有段时间很喜欢涮小火锅,喜欢吃羊肉卷。这就是本我,本我简单纯粹,20 多岁的小男孩和小姑娘,喜欢吃肉,小小的满足对吧?

可是那时候没钱,羊肉卷又贵,所以每次只能点一份,更多的是涮菜,菜便宜。这就是自我,自我要过日子,数着兜里的钱,勉强让那每天都想着释放的本我得到一些满足。

后来,有一个周末,我们在超市买了一大盒羊肉卷,然后去了小火锅店。我俩有个计划,想趁服务员不注意,在锅里涮那一大盒羊肉卷,让本我真正满足一次。可最终,我们还是没有打开自带的那盒羊肉卷,并不是有服务员盯着,而是我们觉得那样做是错误的,这就是超我。

有些事情,我们受本我驱使,自我会去试探执行。但最终,超我限制着我们,我们做不到。

2.4 如果可以，
他们希望精神病人这样

  2017年，我跟随几位心理学方面的老师，去某医科大学的社会人文学院拜访。

  社会人文学院有些什么专业呢？心理学、社会学，还有社工专业。

吃饭时，桌上坐的人很厉害，都是心理学或精神医科的教授，我坐那里不好插话，因为一插话就会暴露自己肚子里没有学问的真相。也就是那天，有位老师很随意地说了一句话，他说："如果可以，我希望精神病人能够永远在他们那疯癫的世界里，幸福快乐地活着。"

这话听着我就不明白，所以我那会儿也不怕丢人，开口问这什么意思。

老师就讲，其实在精神病人的世界里，发病的时候，是他们最快乐的时候，因为骨子里那个疯癫的自己得到了最大释放。可是，作为世俗的我们，会用绳索将他们捆绑，用药物让他们镇静。实际上，就是用一切精神病人所不希望的暴力或者非暴力手段，让他从那个快乐的时光中脱离出来。

举个例子吧，一位姑娘的母亲去世了，巨大的刺激让她有了精神疾病，变得疯疯癫癫。实际上，在她那疯魔的世界里，她妈妈可能就在她身边，和她说话，给她做饭、穿衣、讲故事。

但世俗就说不行，必须将这姑娘拯救出来。用药物、用绳索，最终，她从分裂的世界里回来了。回来面对什么呢？面对亲人离世的巨大伤痛。

也就是说，老师的那句话，是一个医者站在病患立场上的真实想法。也是因为那次饭局，以及饭局上老师的那句话，有了我关注精神病人的悬疑小说《人间游戏》。想一想，时间还真快，居然是四年前的事了。

2.5 双生子：
犯罪心理学里最让我震惊的一项研究

我们都知道一个人性格的养成有先天的基因因素，以及后天的环境因素。民间有"龙生龙，凤生凤，老鼠生娃会打洞"的谚语。可是，我们都是接受过九年制义务教育的人，都相信一个人最终的好坏是后天环境造就的。

这也是我的认知里所坚信的。直到我看《犯罪心理学》时，看到了一个叫作双生子研究的话题。把一对双胞胎放在一个家庭里长

大，最终他们的性格会很不一样，可能一个外向一个内向，一个暴躁一个谦卑。相反，如果把一对双胞胎放到两个完全不同的家庭环境里长大，比如一个家庭父母都是大学教授，另一个家庭有着酗酒的父亲和好赌的母亲。最后你会发现，在两个截然不同的家庭长大的孩子，性格会有高度的相似性。

听到这儿蒙了吧？和我当时一样，觉得怎么可能，不是说后天的教育与环境才会造就一个人的性格吗？书上是这么解析的：一对好兄弟，他们在同一个环境里成长时，彼此都会有意识地强调自己作为个体与对方的区别，并刻意养成自己的独特性。相反，分开抚养的这对好兄弟，不用刻意变得与对方不同，进而呈现出了高度相似的性格特点。

震惊吧？所以说，很多认知并不能用一种我们以为的方式构建。还是得多看书、多学习啊。

出 品 人：许　永
出版统筹：海　云
责任编辑：许宗华
特邀编辑：杜天梦
封面设计：刘晓昕
插画绘制：赵　圣
绘制助理：李萍平
内文制作：万　雪
印制总监：蒋　波
发行总监：田峰峥

发　　行：北京创美汇品图书有限公司
发行热线：010-59799930
投稿信箱：cmsdbj@163.com

官方微博

微信公众号